CacaoSource

Voyage au cœur du nouveau chocolat

Alain d'Aboville

Avec la collaboration de Cherrie Lo

Premiére Edition

Couverture, Graphisme et mise en page : Konstant and New

alain@cacaosource.com
cacaosource.com

2020
N° ISBN 978-1-7340040-4-5

TABLE DES MATIÈRES

AUTEURS

ALAIN d'ABOVILLE

APRÈS UNE CARRIÈRE en tant que consultant en organisation et cadre d'entreprise, principalement en Europe, Alain a travaillé pour le ministère Américain des Affaires Etrangères (State Department) dans des pays producteur de cacao comme la République Dominicaine et la Bolivie, ce qui lui a permit d'approfondir sa passion pour le chocolat. Il commence alors à produire son propre chocolat et en 2014 suit un cours spécialisé à l'Université des Indes Occidentales (UWI) à Port of Spain (Trinidad). Simultanément, Il commence à donner des présentations et conférences sur le chocolat aux USA, en France, en République Dominicaine et même en Afghanistan (Kaboul) son dernier poste officiel.

Alain travaille actuellement avec un planteur local à l'implantation d'un centre de traitement post-récolte pour des fèves aromatiques dans l'Ouest de l'île de Puerto Rico. Il participe également à la construction d'une petite unité de production de chocolat à Port au Prince (Haiti) avec un exportateur de fèves Haïtien.

CHERRIE LO

NÉE A HONK Hong, Cherrie est une professionnelle du marketing et branding du chocolat et de la patisserie. Avant de poursuivre son voyage cacao à Londres, Cherrie a travaillé durant près d'une décennie à Honk Hong avec des artisans chocolatiers et des marques internationales tels que l'un des premiers chocolatiers de la péninsule, « VERO Chocolate » et la marque Française « Pierre Hermé Paris ».

En 2014 Cherrie est devenue gôuteuse en chocolat Certifiée et est maintenant membre de plusieurs compétitions internationales telles que les « International Chocolate Awards ».

Fidèle à ses racines asiatiques, Cherrie veut introduire les grandes marques Internationales de chocolat à Honk Hong et en Chine continentale et travaille à promouvoir les nombreux et extraordinaires arômes et ingredients asiatiques auprès des chocolatiers du monde.

PRÉFACE

LE CHOCOLAT ET le cacao génèrent de telles profondes réactions que des milliers de livres, cahiers et brochures y sont dédiés. Depuis l'histoire, l'économie, l'écologie et les conséquences sociales de l'agriculture du chocolat, en passant par les procédés, les machines et méthodes pour produire du chocolat, on pourrait sans doute remplir des bibliothèques entières! Et je n'ai pas parlé de la pâtisserie et des recettes.

Ce livre n'est pas un livre de plus, mais une photo dans le temps de la très changeante scène du chocolat. De profondes évolutions dans le comportement du consommateur traditionnel dans les pays industrialisés se produisent en même temps que l'audience globale du chocolat augmente auprès de la population mondiale. Cette croissance en apparence sans fin, (2 à 5% par an) de la demande pour le chocolat, crée une forte pression sur les producteurs de cacao qui ont déjà à faire face aux nombreuses conséquences négatives du réchauffement climatique. Ceci se produit dans un environnement financier de plus en plus concentré dans lequel, d'après un rapport des Nations Unies, 10 consortiums financiers achètent plus des deux tiers de la récolte mondiale de cacao pendant que 2 entreprises (Cargill et Barry Callebaut) contrôlent plus de la moitié de la capacité de transformation des fèves.[1]

A l'instar du café, la plupart (80%) des fèves de cacao récoltées sont considérées comme « Commodité » et sans qualités aromatiques saillantes. Elles sont cotées à la bourse des valeurs de New York, Londres, Chicago ou ailleurs. Le reste est jugé « Aromatique » ou « Fin ». Les grands changements se produisant actuellement dans ce segment et leurs impacts sur l'industrie en général font que ce livre se concentre plus sur cette partie de la planète chocolat.

La cabosse de cacao ne peut pousser qu'entre 15-20 degrés de latitude autour de l'équateur mais le chocolat est maintenant produit dans pratiquement tous les pays du monde. Pour des raisons historiques et économiques, le chocolat est très majoritairement produit et consommé dans le monde industriel, mais la tendance actuelle de produire du chocolat « à la source » commence à entamer, de manière minime le monopole dont jouissent les 10 plus grandes sociétés produisant des produits chocolatés.[2]

---

1 *intellivoire.net-23Apr2014*

2 *icco.org-08Feb-2018*

Ayant rencontré de nombreux agriculteurs, surtout des petits, cultivant des fèves aromatiques en Amérique du Sud, aux Caraïbes, en Afrique et en Asie, j'ai pu observer le fil commun qui les unit en une communauté et la relation croissante qu'ils tissent avec les amateurs et fanatiques du chocolat, partout dans le monde. Le succès grandissant depuis une trentaine d'années, du « Salon du Chocolat » et de ses très nombreux concurrents, montre bien l'engouement et l'intérêt pour tout ce qui touche au chocolat. Un petit nombre d'enthousiastes sur toute la surface de la planète, que j'appelle des « Hobbyistes du chocolat », dédient leur temps et leur argent à apprendre le chocolat, les arômes, les origines, les procédés etc... et une partie d'entre eux va même jusqu'à expérimenter pour découvrir et mettre au point des nouveaux procédés, des machines et méthodes pour produire plus et de meilleures sensations chocolatées.

Ce livre est dédié à ces aventuriers des arômes et aux agriculteurs du cacao.

VUE D'ENSEMBLE

CABOSSES ANCESTRALES DU CENTRE DE LA COLOMBIE

UNE TRÈS BRÈVE HISTOIRE DU CHOCOLAT

Le berceau du cacao

APRÈS PLUSIEURS ÉTUDES aux résultats divergents, en particulier le travail exhaustif effectué au 19ème siècle par le le botaniste Russe Nikolai Valivov et l'expédition amazonienne de l'agronome trinadien F.J Pound dans les années trente, il est maintenant confirmé que le fruit cacao est originaire des hauteurs du bassin amazonien. Les récents travaux sur l'ADN du cacao par les scientifiques Claire Lanaud et Juan-Carlos Motomayor à la fin des années deux mille, ont permis d'identifier formellement des variétés uniques provenant des affluents de l'Amazone dans une zone qui s'étend sur le Pérou, l'Équateur et l'ouest de la Colombie.

Les membres de la civilisation Olmec (1500 a 400 BC) mangeaient des fèves de cacao telles quelles. A la faveur de leurs échanges avec les Mayas et les Aztèques en Amérique centrale, ils ont apporté le fruit dans la région de l'isthme. Probablement en laissant les fèves fermenter par elles-mêmes, les Mayas on découvert qu'une fois fermentées, séchées et écrasées, le cacao pouvait devenir un puissant complément à leur régime alimentaire. Due à sa relative rareté et donc sa haute valeur, ainsi que les nombreux effets positifs attribués à son absorption, la consommation de cacao est rapidement devenue un symbole de statut social et également un rituel religieux. C'est aussi devenu une référence financière car, à certaines périodes, les paysans Mayas et Aztèques ont dû payer leur impôt au roi en fèves de cacao. L'Empereur Aztèque, Montezuma consommait d'énormes quantités de la boisson cacaotée baptisée « Xocolath » (traduction espagnole), prétendant qu'elle lui donnait une énergie et des forces immenses, tant au champ de bataille qu'auprès de ses nombreuses épouses. Il s'agissait alors d'une sorte de bouillon de fèves de cacao au poivre et autres épices mélangé à de la farine de maïs. Un délice bien éloigné du chocolat au lait sucré consommé aujourd'hui.

Les débuts de la globalisation du cacao

EN 1520, CHRISTOPHE Colomb a réalisé la première rencontre d'un Européen avec le cacao alors qu'il remontait une rivière dans ce qui est aujourd'hui le Nicaragua ou peut-être le Honduras. Mais ce n'est qu'en 1585 que la première cargaison commerciale de cacao est arrivée à Cadix en Espagne. Les moines espagnols, en tant que scientifiques de leur époque, ont été chargés d'adapter la boisson chocolatée au goût espagnol. Ils ont éliminé le poivre, ajouté de la cannelle, de la noix de muscade, du clou de girofle et du sucre de canne. Durant le siècle suivant, la boisson cacaotée s'est répandue en Andalousie, puis graduellement dans le reste de l'Europe. Le cacao a été introduit en France en 1615 par Anne d'Autriche, l'épouse d'origine espagnole de Louis XIII et en 1650 un français a ouvert la première taverne dédiée au chocolat à Londres. En 1659 le roi de France a octroyé le monopole de la production du chocolat à Monsieur Caillou, le faisant ainsi le premier chocolatier d'Europe. Un quart de siècle plus tard, son échoppe proche de l'Église Saint-Germain l'Auxerrois à Paris avait de nombreux concurrents. Elle n'existe plus depuis longtemps. Au tournant du XVIIe/XVIIIe siècle le chocolat avait acquis la réputation d'être un aphrodisiaque et la culture française du XVIIIe siècle est remplie de références sexy et érotiques liées à la consommation de chocolat.

Marie Antoinette, épouse de Louis XVI, était venue d'Autriche à Versailles avec son propre chocolatier qui avait encore amélioré la recette du chocolat à boire en y ajoutant des fleurs d'oranger, de la crème, de la vanille et d'autres arômes. En 1776, le Français Monsieur Doret, mit au point une presse hydraulique permettant de transformer plus rapidement de grandes quantités de fèves de cacao en liqueur de cacao. Cette invention permit de réduire les coûts de production rendant possible d'étendre davantage la distribution du produit. A la fin du XVIII ème siècle tous les pays européens produisaient du chocolat, adapté aux goût local.

Vers la consommation de masse

AU DÉBUT DU XIXe siècle le chocolat demeurait une boisson étrange et plutôt grasse. En 1828, le chimiste hollandais Coenraad Van Houten conçut un procédé et une presse hydraulique pour extraire le beurre de cacao de la liqueur de cacao (les fèves écrasées). Le reliquat, pouvait être pulvérisé par un souffle d'air et devenir de la poudre de cacao. Cette avancée fut capitale car elle permit à la fois, de produire une boisson chocolatée moins grasse, et de réaliser du chocolat solide en ajoutant le beurre de cacao aux fèves écrasées. Ces tablettes étaient initialement réservées aux entourages des Cours d'Europe. Moins de vingt ans plus tard (1847) la société anglaise « Fry and Sons » (fusionnée à Cadbury en 1919) commença à vendre les premiers morceaux solides de chocolat au grand public. La tablette de chocolat était née, démarrant ainsi l'âge industriel du chocolat. Quelques années plus tard en Suisse, Henri Nestlé développa un procédé pour transformer le lait de vache en poudre sèche, permettant son incorporation au chocolat et créant ainsi le célèbre chocolat au lait Suisse. Simultanément, un autre Suisse, Rodolphe Lindt, révolutionna la fabrication et la finesse du chocolat en mettant au point le conchage moderne (voir plus loin) qui produit une texture souple et douce.

En 1893 lors de l'exposition universelle de Chicago aux USA, Mr. Milton Hershey découvrit et acheta les équipements européens de fabrication du chocolat. Il se mit immédiatement à produire du chocolat au lait bon marché à proximité de son ancienne usine de caramel en Pennsylvanie, non loin de Philadelphie.

Le chocolat a finalisé son prestige auprès des masses en étant distribué aux soldats des deux camps lors du conflit de la première guerre mondiale. Il est devenu si important pour la santé et le moral des troupes que durant la deuxième guerre mondiale l'armée américaine réquisitionna quasiment la totalité de la production du pays!

LE CACAO AUJOURD'HUI

PRODUCTION

EN 2017, LA récolte mondiale de cacao s'est élevée à 4,7 millions de tonnes qui furent échangées pour 5,2 US$ milliards créant un marché global des produits chocolatés de 82 US$ milliards. 75% des fèves proviennent d'Afrique de l'Ouest, 17% d'Amérique et des Caraïbes et le solde d'Asie. Trois pays produisent plus des deux tiers (67%) de la récolte - la Côte d'Ivoire, le Ghana et l'Indonésie. 80% de la collecte est faite de fèves baptisées « commodité » ou « vrac » et dont le prix est fixé à plusieurs bourses de valeurs telles que New York et Londres.

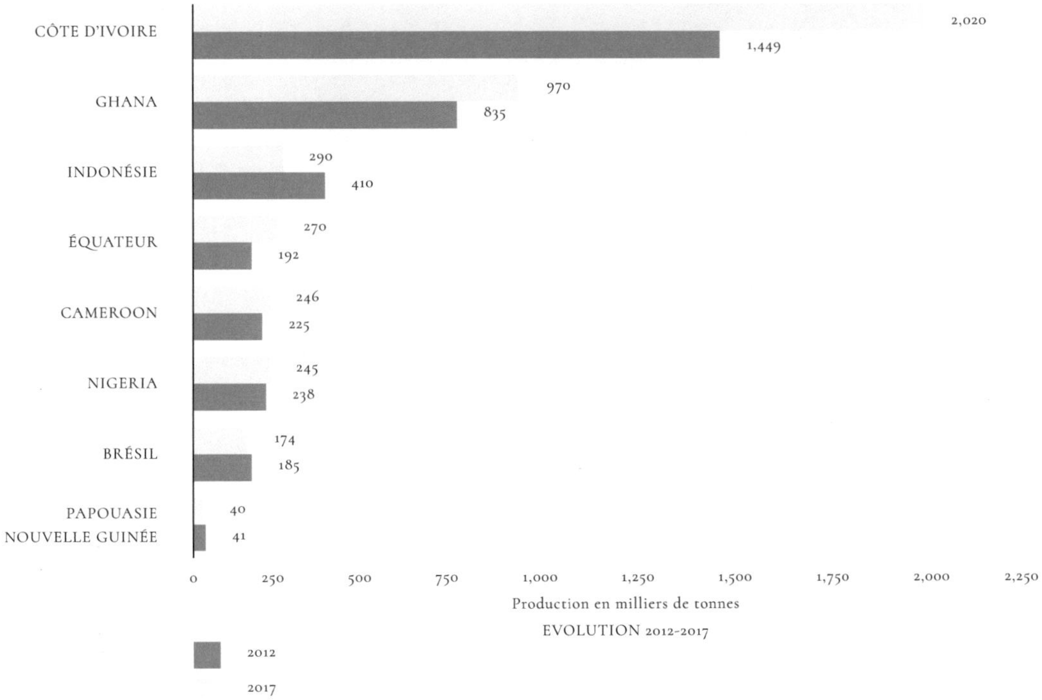

RANG	PAYS	2015 (TONNES)
1	CÔTE D'IVOIRE	1,472,574
2	GHANA	858,720
3	INDONÉSIE	656,817
4	CAMEROON	291,521
5	NIGERIA	236,521
6	BRÉSIL	213,843
7	ÉQUATEUR	177,551
8	PÉROU	107,922
9	RÉPUBLIQUE DOMINICAINE	81,246
10	COLOMBIE	56,163

SOURCE: FAOSTAT, 2015

La tendance de croissance est de 2 à 3% par an avec des hauts et des bas en fonction des conditions climatiques et du paysage économique mondial.

La culture du cacao doit faire face à de multiples menaces, ce qui limite beaucoup la fiabilité des prévisions au-delà de cinq ans. Néanmoins, avec un certain optimisme on peut s'attendre à une augmentation continue de la production de cacao au moins jusqu'à la moitié du XXIe siècle. On prévoit une résurgence de certains pays, tel le Brésil alors que d'autres vont sans doute plafonner comme la Côte d'Ivoire, pendant que de nouveaux pays producteurs apparaîtront. Par exemple la Thaïlande, le Congo ou encore l'Éthiopie ont le potentiel pour devenir des acteurs importants du monde du cacao.

CONSOMMATION

LA CONSOMMATION DE chocolat varie selon les habitudes culturelles locales et le pouvoir d'achat ou le niveau de vie des consommateurs. Par exemple, la forte consommation des Suisses, des Allemands et des Anglais est composée de produits chocolatés différents: du chocolat au

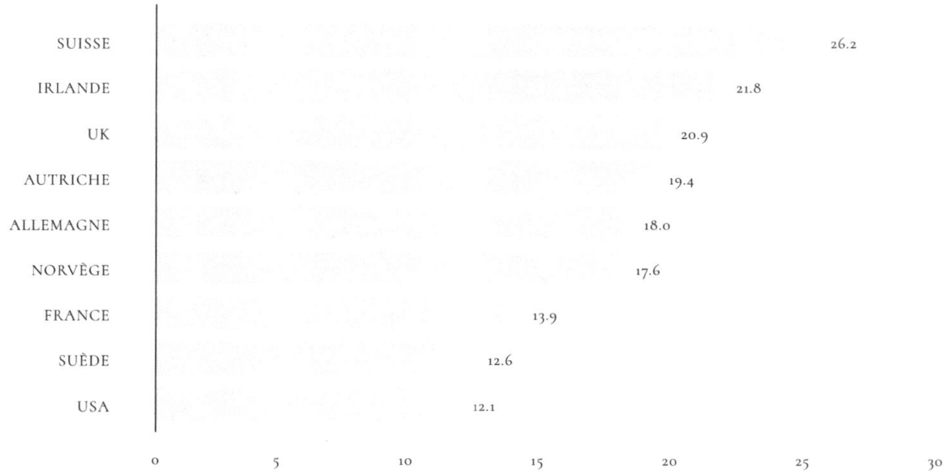

Source: Confection News

CONSOMMATION ANNUELLE PER CAPITA EN LIVRE POUR 2017

lait en Suisse, du chocolat avec des inclusions en Allemagne et des confections sucrées au Royaume Uni.

On peut noter, que bien que l'achat de chocolat en Afrique soit en croissance, la consommation par habitant sur ce continent, est très inférieure à celle des pays consommateurs « traditionnels ». La relation entre le revenu disponible et la consommation de chocolat apparaît clairement sur le graphique suivant:

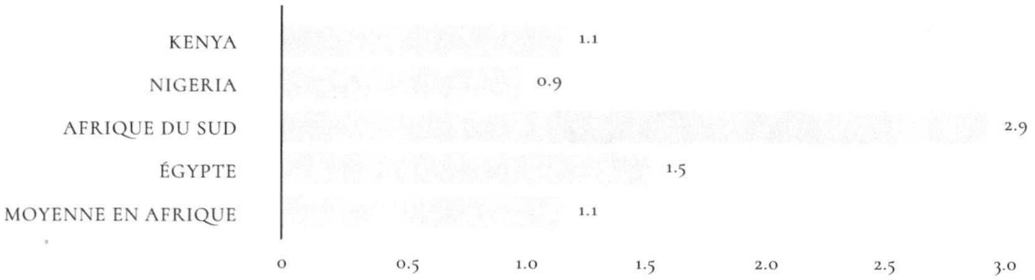

Données compilées par Concfection News; Source Food Trending

L'Asie représentera un marché de 24,5 US$ milliards dès 2023, ce qui induit une augmentation annuelle de 7,7% et qui rend cette région extrêmement attractive pour les chocolatiers de toutes origines, y compris pour les nouveaux chocolatiers Chinois.

D'autres statistiques:

- Le chiffre d'affaires des produits chocolatés est de 83 US$ Milliards[3], 50% est réalisé en Europe.
- Les pays les plus consommateurs de chocolat par habitant sont le Royaume-Uni, la Suisse et l'Allemagne. Les habitants y absorbent près d'un kilo de chocolat par mois par habitant (11 Kg par an).
- L'Afrique produit plus des deux tiers du cacao du monde et consomme moins de 3,5% du chocolat.
- Environ 5 millions de paysans produisent les 4,7 millions de tonnes de cacao qui sont transformées en 7,5 millions de tonnes de chocolat.
- Les agriculteurs reçoivent en moyenne 4 % de la valeur d'une tablette de chocolat. Ce pourcentage était proche de 17% dans les années 80.
- L'Asie représente 20% du marché du chocolat.

3 *https://brandongaille.com/26-incredible-chocolate-consumption-statistics/*

LA CULTURE DU CACAO

LE FRUIT

LE NOM SCIENTIFIQUE du cacao, « Théobroma Cacao » - La boisson des Dieux - a été donné par le botaniste Suédois Carl Linnaeus en 1753, lorsqu'il a réalisé la première classification des espèces connue à ce jour. La grande diversité des variétés de cacao fait que le fruit, appelé « cabosse » varie grandement en apparence, taille et forme. La forme la plus commune est un ovoïde d'environ 20 a 25 cm de longueur, rappelant la forme d'un ballon de rugby, avec une peau solide marquée de rondeurs longitudinales dont la profondeur indique la maturité du fruit. A l'intérieur, on trouve 20 à 50 graines reliées entre elles par le placenta et entourées d'une pulpe blanche. Cette pulpe est légèrement sucrée et son goût n'est pas chocolaté mais donne des indications sur les arômes du futur chocolat. Ceci est dû à l'influence de la pulpe sur la fève et au fait que certains composants aromatiques de la pulpe seront transmis à la fève durant la fermentation. Selon la variété du cacao, la couleur blanche de la pulpe peut être plus ivoire.

L'INTÉRIEUR D'UNE CABOSSE DE TYPE « TRINATARIO »

L'arbre du cacao, qui peut atteindre jusqu'à dix mètres de haut s'il n'est pas taillé, a besoin d'un climat chaud et humide et d'un peu d'ombrage, surtout dans ses premières années, d'un sol neutre ou très peu acide, et d'un apport d'eau constant. Ceci est la description du climat de la « Rain Forest ». Bien que les fleurs et les cabosses poussent tout au long de l'année, il y a en général deux pics pour la récolte. Le plus important, juste après la période la plus pluvieuse et un second avant cette dernière. A nouveau selon les variétés, il faut compter 18 mois à 3 ans pour que la graine devienne un arbre productif. Le meilleur rendement va de 6 à 12 -13 ans. Le plus souvent les agriculteurs maintiennent les arbres au-dessous de 4 mètres et commencent à greffer les vieilles plantes après 25 ans.

Le scénario typique pour démarrer une plantation de cacao consiste à choisir un terrain abrité des vents dominants, avec une bonne irrigation et un sol neutre (PH de 6 à 7). On y plante d'abord des grands arbres à croissance rapide tels des bananiers ou autre végétation créant de l'ombrage. Au bout de 6 à 12 mois, les bananiers fournissent suffisamment de protection pour planter les pieds de cacao de 3 à 5 mois (préalablement plantés en semis protégés). Dès la deuxième année, les bananes procurent un revenu. Après 5 ou 6 ans les cacaoyers sont assez grands pour supporter un ensoleillement plus important, il est alors souhaitable de couper une partie des bananiers. Avec des soins attentifs, la productivité des cacaoyers demeurera satisfaisante durant au moins vingt ans, après quoi il est recommandé de les tailler proche de la racine et d'y greffer une nouvelle graine de cacao. Le greffage réduit beaucoup le temps jusqu'à la période de production.

Ce déroulé est cependant théorique car les agriculteurs doivent s'adapter en permanence et ont rarement la possibilité de commencer de zéro mais doivent modifier les cultures existantes.

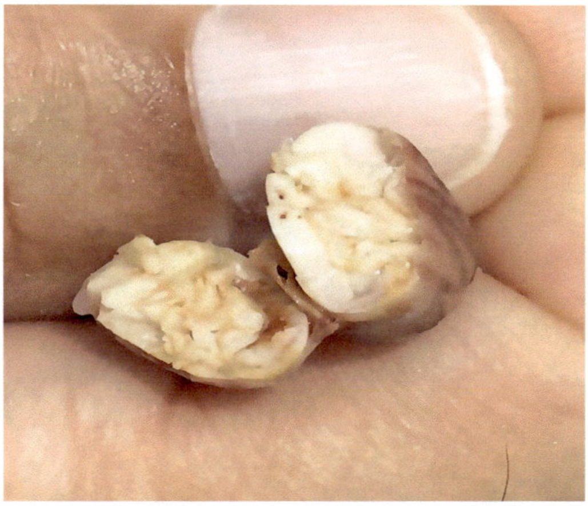

FÈVES BLANCHES D'UN « CRIOLLO »

SEMIS DE TROIS MOIS PRÊT A ÊTRE TRANSPLANTÉS

CULTURE FORESTIÈRE

AFIN DE LIMITER la progression de maladies et en réponse à la pression en faveur de l'agriculture naturelle, limitant ou réduisant la déforestation, certains agriculteurs développent des plantations mixtes ou en plus des traditionnels bananiers ou autres ombrages, ils cultivent également des manguiers, de la noix de muscade, des ananas etc... et même parfois du café. Cette approche a de nombreux avantages. Les parasites étant le plus souvent spécifiques à une plante, ils ne se répandent pas bien dans un environnement varié. Comme chaque plante se nourrit et produit des composants organiques différents, les sols ne s'épuisent pas comme c'est le cas en monoculture, et le besoin d'ajout de fertilisant - naturel ou chimique - s'en trouve réduit. Les périodes de grandes récoltes

JEUNES CABOSSES SOUS OMBRAGE EN THAÏLANDE

ne sont pas simultanées, permettant aux paysans d'étaler leur charge de travail. Enfin, il est peu probable que les prix de vente des produits suivent la même courbe, diminuant l'impact d'une baisse de prix d'une récolte.

Ces considérations ne signifient pas, loin de là, la fin de la monoculture du cacao, en particulier en Afrique de l'Ouest et en Indonésie ou d'immenses plantations existent depuis longtemps. Il faut noter que ces grandes exploitations sont en fait constituées de nombreux petits exploitants travaillant à leur compte pour fournir leurs fèves à un « concentrateur ».

LES PRINCIPALES MENACES DU CACAO

COMME TOUTE ACTIVITÉ agronomique proche de l'équateur, la culture du cacao doit faire face aux dangers habituels de l'agriculture tropicale tels qu'ouragans ou cyclones, inondations, sécheresses et maladies. En plus de ces menaces partagées par tous et liées à leur localisation les trois principales plaies des éleveurs de cacao sont trois champignons et les rongeurs.

Le besoin d'un environnement chaud et humide crée un cadre idéal pour la prolifération des mycoses et champignons. Les plus inquiétants pour les professionnels sont:

La pourriture brune - Black Pod

IL EXISTE DIFFÉRENTES versions de ce Photophore adaptées aux conditions de leur environnement, mais le résultat est le même, il tue les cabosses en les pourrissant d'abord de l'intérieur et produisant finalement une noirceur à l'extérieur. Sans traitement, il se propage à l'ensemble de l'arbre qui meurt pourri. Cette maladie peut se répandre rapidement car ses bactéries sont transportées par des spores volants au vent ou transportées par des animaux ou encore l'eau de pluie. Il constitue la première menace des cacaoyers dans le monde en éliminant environ 10% des arbres et 25% de la récolte chaque année.

Pour ralentir et stopper l'expansion de cette plaie, il convient de réduire la densité des cacaoyers en les plantant plus éloignés les uns des autres et en maintenant une plantation bien taillée, ce qui améliore la circulation de l'air et la rend inhospitalière aux animaux rongeurs. Ces derniers doivent être éradiqués de la zone car ils favorisent la propagation des spores. Une fois infectées, les cabosses et parfois tout l'arbre, s'il est touché en plusieurs points, doivent être détruits le plus vite possible (les enterrer est de loin la meilleure méthode car les brûler pourrait disperser davantage les spores). Certains planteurs utilisent des produits chimiques, mais ces derniers sont coûteux et éliminent immédiatement la possibilité d'être « bio ».

La moniliose - The Frosty Pod

IL SEMBLE QUE la moniliose (Moniliophthora) ait toujours existé dans l'ouest de la Colombie et l'est de l'Équateur mais elle s'est constamment répandue presque dans toutes les zones cacaoyères d'Amérique du Sud, et d'Amérique Centrale et attaque actuellement certaines îles des Caraïbes telles que la Jamaïque et apparaît en République Dominicaine. Jusqu'à présent l'Afrique et l'Asie ont été épargnées. Là où elle frappe, cette maladie est totalement dévastatrice réduisant la récolte de 80- à 100%. Les effets ravegeurs sur les communautés locales font de la lutte contre la moniliose une nécessité cruciale.

Malencontreusement cette affection, identifiée dès 1917, est très discrète à ses débuts car elle fait pousser une sorte de champignon à l'intérieur de jeunes cabosses. Lorsque celui-ci est assez gros pour former une excroissance visible il est déjà trop tard et la branche ou l'arbre entier doivent être détruits. Sans traitement, le champignon intérieur grossit et brise la cabosse en laissant pourrir les fèves, permettant aux bactéries de voler et de s'attaquer à d'autres arbres. Le potentiel de complètement éliminer les plantations a fait du traitement de la moniliose un enjeu politique dans les zones où elle frappe. Le séquencement de l'ADN a permis de confirmer que la moniliose et le balai de sorcière appartiennent à la même famille de fléau.[4] *(Voir plus bas)*

4 *https://link.springer.com/chapter/10.1007%2F978-3-319-24789-2_3*

CABOSSE SOUFFRANT DE MONILOISE

Le balai de sorcière - The witch broom

IDENTIFIÉE PAR LES Portugais dès le 18ème siècle, la maladie classiquement appelée « balai de sorcière » est présente dans les mêmes zones que la moniliose, c'est-à-dire une bonne partie de l'Amérique du Sud, l'Amérique Centrale et les Caraïbes. Ce pathogène est présent dans de multiples plantes comme la pomme de terre et la grenade. Sur les cacaoyers, il solidifie une partie du tronc et la rend noire, formant une excroissance noire. Cette portion grandit graduellement et empêche la sève de nourrir les branches et les fruits, ce qui tue l'arbre.

Comme les deux autres plaies, le balai de sorcière peut être combattu en détruisant rapidement l'arbre affecté et aussi en épandant des produits chimiques. Cette dernière méthode est cependant rarement appliquée car elle est coûteuse puisque tous les arbres, mêmes ceux apparemment sains, doivent être traités. Les recherches pour produire des fèves hybrides résistantes au balai de sorcière sont en cours.

Les rongeurs

LES RONGEURS COURAMMENT rencontrés dans les plantations sont essentiellement des rats et leurs variantes locales. Ils ouvrent la cabosse en rongeant la peau pour atteindre la pulpe sucrée qu'ils adorent. Une fois la cabosse ouverte, la pulpe restante et les fèves pourrissent rapidement sous l'effet de la chaleur et de l'humidité rendant les fèves inexploitables. Selon les régions, les rongeurs peuvent détruire jusqu'à 30 % des fruits. La pose de pièges est un des moyens utilisés pour les éliminer, les autres étant l'introduction de chouettes ou autres oiseaux de nuit, ou du poison. Dans certaines plantations de fèves de qualité, les paysans couvrent les petites cabosses avec un sac en plastique transparent. Cette méthode laborieuse a l'avantage de protéger contre toutes les menaces et accélère la maturation du fruit.

D'autres plaies du cacao

IL EXISTE DE nombreuses autres maladies du cacaoyer, la plupart sont des infections fongicides et aussi des parasites. Par exemple le champignon Oncobasidium stoppe le processus de photosynthèse des feuilles ce qui finit par tuer l'arbre. La maladie du gonflement des rameaux (Swollen shoot) fait enfler les branches, les foreurs de tiges créent des vides dans la plante, empêchant la circulation de la sève etc… Les termites ou fourmis blanches représentent aussi un danger dans certaines régions.

Métaux lourds

A L'EXCEPTION DE zones spécifiques, de tous les composants de métaux lourds présents dans l'alimentation, - le mercure, le plomb, le nickel, le cadmium, le chrome, et l'arsenic - seul le cadmium et le plomb représentent un problème pour le chocolat.

Les métaux lourds existent naturellement dans l'eau, dans l'air et dans les sols. Ils proviennent également de pollutions humaines telles que les gaz d'échappement de voitures, les déchets industriels, les forages miniers et méthodes d'exploration et bien sûr des fertilisants chimiques. Les procédés appliqués pour désacidifier les sols et maintenir un Ph proche de 7, peuvent également contribuer à élever le niveau de cadmium dans la terre. Le cadmium ne se fixant pas dans les molécules grasses du cacao, l'extraction du beurre de cacao concentre cet indésirable composant dans la poudre de cacao. Les métaux lourds ne sont pas totalement expulsés par l'organisme qui peut en conserver jusqu'à 10 % durant 20 ou 30 ans. L'absorption cumulée est donc un facteur majeur dans la gestion de ces substances néfastes. On estime que 90 % du Cadmium de l'organisme provient de la nourriture et de la boisson (le reste provient de l'air). Les métaux lourds, et le Cadmium en particulier, sont corrélés aux maladies des reins, des os et du cerveau, ainsi qu'à certains cancers. Les enfants sont plus affectés car leur cerveau est encore en phase de développement et la présence de métaux lourds provoque des détériorations des facultés cervicales, donc d'apprentissage.[5]

La présence de plomb dans le chocolat provient essentiellement des méthodes de production du chocolat et du packaging. L'exposition au plomb est maintenant strictement contrôlée dans la plupart des pays. Concernant le Cadmium il n'existe pas de normes fédérales aux USA (FDA). Seule, la Californie oblige les fabricants de produits alimentaires à afficher un avertissement sur leurs marchandises seulement dans le cas où elles contiennent plus de 4,1 mg de Cadmium par dose quotidienne (!). En Janvier 2019, l'Union Européenne a appliqué une directive sur le Cadmium dans le chocolat et le cacao. Elle stipule que les niveaux maximums de métaux lourds dans le cacao solide et la poudre de chocolat ne doivent pas atteindre certaines limites. Les quantités tolérées varient selon le pourcentage de cacao dans le produit. Plus il y de cacao, plus bas est la tolérance dans le niveau de Cadmium. Les planteurs de cacao ont approximativement traduit cela par une limite de 0,5 mg de Cadmium par kg de fèves de cacao.

Parce que les terrains volcaniques sont plus sujets à contenir du Cadmium, ce métal est plus présent en Amérique du Sud et aux Caraïbes qu'en Afrique de l'Ouest. Les recherches pour développer un procédé éliminant le Cadmium du cacao sont en cours. Utilisant des micro-organismes dans la fermentation et des techniques de nanotechnologies ces travaux sont prometteurs mais il n'existe pas encore de solution pratique sur le terrain.

5 *https://healthfreedomidaho.org/toxic-heavy-metals-found-in-organic-chocolate*

LES VARIÉTÉS

LE MYTHE DES TROIS VARIÉTÉS

TOUT COMME LE café qui a trois grandes variétés (Arabica, Robusta et Arabusta), le cacao est généralement présenté selon trois principales catégories ou variétés de fèves: Criollo, Forastero et Trinatario.

Criollo

LE MOT VEUT dire « Indigène » ou « local » en Espagnol. Cette fève est originaire d'Amérique Centrale où elle serait apparue il y a plus de 4.000 ans. Cette variété a été très tôt disséminée dans diverses possessions coloniales de l'Empire Espagnol et même au-delà. En plus de l'Amérique Centrale (Mexique, Honduras, Belize etc...) et les Caraïbes, cette graine est actuellement aussi cultivée au Sri-Lanka, à Java, à Madagascar, aux Philippines et en Indonésie. Néanmoins, elle est très minoritaire dans toutes ces zones de production. Les fèves de Criollo ont une couleur blanc pâle à rose très pale, due, à leur faible contenu acide. Elles ont des arômes complexes et variés avec une faible sensation chocolatée traditionnelle et n'ont pas d'amertume. En revanche elles ont des notes fraîches allant du citron fruité aux fruits rouges et bergamote, et peuvent avoir des relents cuivrés et même des notes rappelant le tabac et bien d'autres goûts encore. Ces caractéristiques donnent au chocolat à base de Criollo une longueur en bouche fruitée très recherchée faisant de cette fève la « reine des fèves ». Malgré ses grandes qualités aromatiques, cette variété ne représente même pas 5 % de la production mondiale de cacao. Ceci est dû à sa fragilité face aux multiples maladies du cacaoyer ce qui réduit encore davantage son faible rendement. Le Criollo se vend à un prix très supérieur au prix moyen. Il est souvent incorporé à un mélange d'autres variétés pour apporter des notes fruitées à un mélange.

Forastero

CETTE VARIÉTÉ DOIT probablement son nom (signifiant « Étranger » en Espagnol) au fait que les colons Espagnols l'ont rencontré après avoir connu le « Criollo » et comme la cabosse est différente, ils ont pu penser qu'elle avait été importée. Avec des fèves de couleur rose à violet foncé, cette variété est plus acide apportant un niveau de protection contre certaines maladies, ce qui la rend robuste et augmente encore davantage son bon rendement. En tant que bonne ouvrière elle a été plantée dans de très nombreux pays et représente actuellement 80% de la récolte mondiale - lire plus loin -. Le Forastero a une grande amplitude d'arômes, des plus cacaotés aux plus acides. La sous-variété la plus répandue en Afrique de l'Ouest et en Indonésie est un peu acide, amère et peut même être âcre. Elle convient plus particulièrement à la production de masse de chocolat qui exploite au mieux les procédés mécaniques, les machines et additifs du chocolat.

Trinitario

LES ESPAGNOLS ONT introduit la culture du cacao dans les îles de Trinidad et Tobago dès le 16ème siècle (1525) avec des fèves Criollo provenant du Mexique. En 1678, ils ont ajouté quelques Forastero du Venezuela pour augmenter les volumes. En 1727, une vague fulgurante de la maladie fongique du Phytophthora a détruit quasiment toutes les plantations de « Criollo » Cette catastrophe est connue comme « the blast ». Après une période d'arrêt de trente ans, des graines de Forastero du Venezuela ont été plantés à partir de 1757. Elles se sont rapidement croisées avec les pieds de Criollo encore vivants pour créer une variété hybride, baptisée « Trinatario ». Étant une île sans autre apport génétique, le Trinatario s'est développé sur tout le territoire.

Le Trinatario a des caractéristiques de ses deux géniteurs. Il possède des fèves un peu plus foncées que le Criollo, est fruité et aromatique mais peut occasionnellement avoir un peu d'amertume. Il a gagné une part de la résistance du Forastero, le rendant plus productif que le Criollo. Actuellement le Trinatario représente environ 12 % de la production mondiale.

Caractéristiques des variétés

NOM	APPARENCE & COULEUR	# DE FÈVES	COULEUR DES FÈVES
CRIOLLO	PEAU SOUPLE ET MINCE - VERT / JAUNE / ROUGE	> 30	BLANCHE, IVOIRE A GRIS
TRINITARIO	PEAU DURE - VARIABLE	< 30	BLANC PÂLE À VIOLET
FORASTERO	PEAU DURE - VERT A VIOLET	< 30 > 50	VIOLET À POURPRE

Autres variétés

CETTE CLASSIFICATION EN trois variétés est utilisée depuis plus de trois siècles. En même temps, des variétés locales ou des hybrides étaient découvertes ou créées. En 2008, un biologiste Equatorien, le Professeur Juan-Carlos Motomayor, à la tête d'une équipe de chercheurs financée par le Géant alimentaire « Mars », le Ministère Américain de l'Agriculture (USDA), IBM et d'autres entités, a séquencé le génome du cacao. En prenant la variété la plus courante (le Matina 1-6 du Costa Rica) il a identifié plus de 35.000 gènes[6]. A la suite de ce travail, il a analysé de nombreux cultivars d'Amérique du Sud et a pu isoler 11 différents et uniques cultivars:

- Nacional
- Criollo
- Amelonado
- Boliviano
- Contamana aka Ucayali/Scavina
- Curaray
- Guiana
- Iquitos aka Iquitos Mixed Calabacillo (IMC)
- Marañon aka Parinari
- Nanay
- Purús

A l'exception du Nacional, de l'Amelonado et du Boliviano, toutes ces variétés portent le nom d'une vallée du haut de l'Amazonie où elles ont pu croître sans interférences génétiques. Toutes les autres variétés sont en fait des combinaisons de ces 11 cultivars uniques. Comme précédemment indiqué, du fait des hybridations naturelles spontanées, il est de plus en plus improbable de rencontrer une fève « pure ». Même lorsque les agriculteurs séparent les cacaoyers dans des zones spécifiques mais néanmoins proches, au bout de quelques décennies, les variétés tendent à se mélanger. A moins qu'une variété soit dans une vallée « fermée », il est très probable qu'avec le temps, elle acquiert des gènes d'autre cultivars.

---

6 *https://www.ncbi.nlm.nih.gov/pmc/articles/PMC4053823/*

AROMATIQUE VERSUS COMMODITÉ

80 % DES FÈVES RÉCOLTÉES NE SONT PAS CLASSÉES COMME « AROMATIQUE », ELLES SONT APPELÉES « COMMODITÉ » OU « VRAC », VOIR « STANDARD ». LES 20 % RESTANT SONT QUALIFIÉS « AROMATIQUE » OU « FINO DE AROMA ».

PAYS	PAYS - % DE CACAO FIN
BELIZE	50%
BOLIVIE	100%
COLOMBIE	95%
COSTA RICA	100%
DOMINICA	100%
REPUBLIQUE DOMINICAINE	40%
ÉQUATEUR	75%
LA GRENADE	100%
GUATEMALA	50%
HONDURAS	50%
INDONÉSIE	1%
JAMAIQUE	95%
MADAGASCAR	100%
MEXIQUE	100%
NICARAGUA	100%
PANAMA	50%
PAPOUASIE NOUVELLE GUINÉE	90%
PERU	75%
SAINTE-LUCIE	100%
SÁO TOMÉ & PRINCIPÉ	35%
TRINIDAD ET TOBAGO	100%
VENEZUELA	100%
VIETNAM	40%

SOURCE: ICCO PAYS DE CACAO FIN 2015

LES FÈVES AROMATIQUES

IL EXISTE AU sein de l'Organisation Internationale du Cacao (ICCO), basée à Abidjan, une commission dédiée au cacao aromatique. Bien qu'elle se réunisse chaque année, son plus récent rapport incluant une liste des pays producteurs de cacao aromatique date de 2015. La commission a identifié 23 pays, produisant des fèves aromatiques parmi la quarantaine de pays produisant des volumes significatifs de cacao dans le monde. La liste présentée à gauche, inclut le pourcentage du cacao aromatique dans la production de chaque pays.[7]

Il faut noter qu'aucun de ces pays n'est un grand producteur et que la liste ignore les pays producteurs n'étant pas membre du ICCO, tel que les Philippines.

Bien que ces pourcentages aient quelque peu varié, le classement demeure largement valide. Seul, l'Équateur a énormément augmenté sa production provenant de la variété hyper-productive CCN-51 (maintenant plus de 50 % de sa récolte) qui n'est pas « aromatique ».

7 *https://www.icco.org/about-cocoa/fine-or-flavour-cocoa.html*

QUI EST AROMATIQUE?

INITIALEMENT, LES VARIÉTÉS Criollo et Trinatario étaient d'emblée considérées « Aromatique » alors que le Forastero ne l'était pas. Cependant, la variété n'est pas l'unique critère de décision pour être Aromatique. Les arômes comptent plus que la génétique. Par exemple, les variétés d'Équateur, « Nacional » et « Arriba » appartiennent à la famille des Forastero, mais elles sont classées « Aromatique » alors que certains Trinatarios cultivés en Afrique de l'Ouest ne le sont pas.

Comme les arômes du cacao proviennent de multiples facteurs, et pas uniquement de sa génétique, - voir plus loin - la commission du ICCO applique un jugement subjectif prenant en compte l'ensemble organoleptique des fèves, ce qui inclut son terroir.

LES FÈVES « COMMODITÉ »

« COMMODITÉ » fait référence aux fèves échangées sur les bourses de valeurs telles que New-York, Londres et autres. Le prix ou la cote de ces bourses constitue la référence dans la majeure partie des contrats de vente de cacao de grands volumes. Le prix pour ces transactions étant fixé sans contact avec le produit, il est considéré que les fèves sont dans des conditions physiques « standard » (pourcentage d'humidité, pourcentage de fèves non-fermentées, pourries etc...) et à une qualité « standard » (arômes, contenu gras etc..). Ce qui veut dire que les qualités ou caractéristiques organoleptiques n'ont aucun impact sur le prix. Ce système de cotation boursière permet d'établir des contrats à terme et donc des prix dans le futur, transformant le cacao en un instrument financier comme un autre. Cela aussi motive les acheteurs importants et les gros mandataires (brokers) à stocker ou vendre des fèves pour attendre de meilleurs prix ou dans le fol espoir d'influencer le cours. Bien que certains professionnels du cacao pensent que ces actions spéculatives ont contribué au prix extrêmement bas du cacao « commodité » depuis 2016, j'en doute. En effet, quel que soit l'énormité de certains hangars de stockage à Anvers ou aux Pays-Bas ils ne peuvent contenir qu'une très faible proportion des 3,5 million de tonnes du marché « commodité », ce qui limite grandement leur capacité à influencer à la hausse ou la baisse le cours du cacao.

Du point de vue de l'agriculteur, les fèves « commodité » sont celles sans caractéristique particulière permettant d'en augmenter le prix de vente. Malheureusement, très souvent les acheteurs ne veulent que du « commodité » et les fermiers doivent accepter un faible prix bien qu'ils aient du cacao aromatique.

Selon la région de production, il y a plusieurs niveaux de qualité. Par exemple, le plus gros acheteur et transformateur de fèves en République Dominicaine, « Conacado » vend ses fèves fermentées séchées en 5 niveaux de qualité et donc de prix:

- *Bio Swiss* - Sa meilleure production, faite de fèves organiques cultivées en Agriculture Forestière et bénéficiant d'une fermentation parfaite et d'un traitement soigné.
- *Biodinamico* - Des fèves organiques ayant subi un traitement soigné après récolte.
- *Organico* - Diverses variétés, pas de traitement chimique, fermentation standard.
- *Convencional* - Fèves variées, y compris avec traitement chimique, fermentation et séchage standard.

NIVEAUX DE QUALITÉ CHEZ CONACADO

Tout le reste, y compris des fèves non fermentées et parfois même abimées ou infectées est appelé « Sanchez » et est vendu à bas prix.

« Sanchez » est le nom d'un petit port sur le versant méridional de la baie de Samana, qui a longtemps été le point de départ pour le cacao de l'Est et Nord Est de l'ile d'Hispaniola (République Dominicaine). Un réseau de jetées en bois et équipées de voies de chemin de fer permettait de transporter les sacs par wagons entiers jusqu'aux bateaux mouillés non loin. L'usage de containers et la création d'un grand port pour porte-containers au Sud, proche de Saint-Domingue, ainsi que l'amélioration des routes a rendu cette infrastructure inutile, mais des vestiges y sont encore visibles.

HYBRIDES ET ORIGINES GÉOGRAPHIQUE

BIEN QUE LE séquencement de l'ADN soit crucial pour déterminer les origines, pour l'instant il n'est pas possible de relier chaque caractéristique organoleptique à un gène spécifique. Ce travail est en cours dans plusieurs universités et centres de recherche dans le monde. Il est rendu davantage compliqué par le fait que l'environnement influence également les arômes du cacao.

Hybrides

EN UTILISANT LE procédé classique de la pollinisation, les agronomes ont créé des fèves hybrides depuis un siècle environ. Jusqu'à récemment, leur but a toujours été d'augmenter la productivité en renforçant la résistance aux maladies, en accélérant le processus de croissance et maturation des cabosses ou en augmentant d'autres caractéristiques telles que le pourcentage de gras, la taille et le nombre de fèves dans les cabosses et bien sûr, la taille de ces dernières. Cette approche « plus est mieux » n'incluait pas l'aspect organoleptique. La recherche et appréciation des arômes et sensations chocolatées, phénomène relativement récent, a revalorisé et mis en avant les senteurs, et certaines recherches incluent maintenant des objectifs aromatiques.

Un petit nombre de centres de recherche a d'ailleurs produit des graines hybrides aromatiques reconnues. Par exemple, l'université Britannique « Imperial College » de Londres a produit depuis longtemps, en association avec le Centre de recherche du Cacao de l'Université de Port au Spain à Trinidad (UWI), des fèves de grande qualité aromatique bénéficiant d'une grande résistance aux maladies, notamment La Moniliose. En particulier, la fève ICS-95, est un hybride dérivé du Criollo mais avec un très bon rendement productif.[8]

Au Costa Rica, le « Centro Agronomico Tropical de Investigación y Enseñanza (CATIE) est un autre exemple de succès dans le développement d'un cacao à la fois résistant et productif tout en étant aromatique. Les chocolats conçus avec sa fève R-4 ou R-6 gagnent régulièrement des prix aux divers salons ou forum du chocolat, notamment à Paris.

---

8 *https://www.c-spot.com/atlas/chocolate-strains/cultivar-strains/ics/*

Origines géographiques

UN AUTRE ÉLÉMENT affectant la qualité du cacao est évidement le « terroir ». Tout comme le vin ou plutôt les vignes qui développent des propriétés olfactives et aromatiques selon la terre où elles poussent, les cacaoyers sont influencés par les nutriments qu'ils absorbent du sol, par les plantes environnantes, par la qualité de l'eau qui les irrigue, par les vents etc... Cet ensemble forme le « terroir ». Bien qu'il soit évident que les mêmes variétés de fèves donnent des goûts différents selon le lieu où elles ont grandi, les raisons profondes de ces variations restent encore quelque peu obscures. Concernant les arômes, les recherches en cours suspectent un lien entre les notes fruitées du cacao et la quantité de zinc dans le sol.

A nouveau, le fait que les pollinisations croisées naturelles soient si fréquentes dans le cacao, rend de plus en plus important la différenciation par l'origine ou le terroir plutôt que par la variété uniquement, surtout que celle-ci peut être considérée comme étant « en cours de construction ».

O G M.

IL N'Y A pas actuellement de fèves génétiquement modifiées disponibles pour la production de cacao. Mark Guiltinan et Siela Maximova de l'Université de Pennsylvanie font partie d'une équipe incluant de nombreux centres de recherche travaillant sur une fève OGM. A l'aide de l'outil d'édition de gènes CRISP, développé à Berkeley par Jennifer Doudna, et utilisant la protéine cas9, l'équipe a pu éliminer le gêne TcNPR3, qui réduit la capacité de la plante à lutter contre les maladies. D'autres gènes ont été modifiés pour augmenter certains arômes, accélérer la croissance etc... Jusqu'à présent, l'équipe a produit plus de 100 millions de graines clonées qui sont en cours de test en Indonésie. A ce stade, l'équipe est satisfaite du comportement des plantes mais plus de temps et d'études sont nécessaires avant qu'une graine puisse être exploitée en production. En particulier, le comportement des arbres à maturation et les composants chimiques de la graine demandent plus d'investigations. Il existe une forte pression ou demande pour des fèves capables de résister aux maladies devenues plus agressives en conséquence du réchauffement climatique tout en demeurant aromatiques. Actuellement, nous n'avons pas connaissance de tentative d'ajout de gènes ou substances externes au cacao, les manipulations se concentrant exclusivement sur l'annihilation ou l'augmentation des effets de gènes existants. Si cette approche perdure, ces modifications seraient équivalentes à de multiples hybridations et donc pas plus dangereuses pour la santé humaine.

Néanmoins, mes craintes vis à vis des plantes OGM en général sont qu'elles brevètent une création de la nature pour en faire un produit commercial et cela change la relation entre les cultivateurs et les fournisseurs de graines. Les paysans, le plus souvent au bas de l'échelle économique, deviennent les financiers de grandes entreprises multinationales. Une autre conséquence néfaste est qu'en poussant une variété ou quelques variétés, la diversité génétique se réduit, mettant l'ensemble des producteurs à risque.

LE CAS DU CCN-51

L'HYBRIDE CCN-51 EST un cas unique par son extraordinaire productivité, ses faibles attributs organoleptiques et la persistante controverse qui l'entoure depuis sa naissance.

Au début des années soixante, l'Équateur faisait face à une infestation particulièrement agressive du champignon « Ceratocystis cacaofunesta » (appelé localement le « Male de machete » car sa rapide propagation était attribuée à l'usage des machettes pour la récolte). Cette maladie fongique qui s'attaque à bien d'autres plantes telles que la grenade et les pommes de terre, est considérée endémique dans le Nord de l'Amérique du Sud, en Amérique Centrale et aux Caraïbes. Pensant que le Niño était un facteur favorisant cette destructrice épidémie, les agronomes ont voulu se préparer à de possibles récurrentes vagues de contaminations. Pour cela ils ont entamé des travaux pour créer une fève hybride résistante à cette infection. Depuis la plantation « Naranjal », située au Sud de Guayaquil, le botaniste équatorien Homero Romero Castro a utilisé de nombreuses variétés, dont le fruité Iquitos IMC 67 et le ISC 95 (Imperial College Selection), toutes deux reconnues pour leurs notes fruitées pour créer un nouvel hybride résistant. Par la suite il ajouta des variétés récemment identifiées dans l'Est de l'Équateur. A la cinquante-et-unième tentative il obtint une fève montrant les caractéristiques qu'il recherchait, en particulier la résistance fongique. Ainsi est né le CCN-51, qui sont les initiales de « Coleccion Castro Naranjal - 51 ». Le CCN-51 fut initialement utilisé en plantation dans la deuxième moitié des années soixante en Équateur. Il fut rapidement adopté par les agriculteurs locaux car il a un rendement jusqu'à cinq fois plus important que la fève aromatique ancestrale locale « nacional ». De plus, cette fève est gratuite car Mr. Castro ne l'a pas patenté avant sa disparition tragique dans un accident de voiture à la fin des années quatre-vingt.

Grâce au séquencement du génome du cacao, nous savons maintenant que le CCN-51 est composé á 45,4 % d' IMC, 22,2 % de Criollo, 21,5 % d'Amelonado, 3,9 % de Contamana, 2,5 % de Purús, 2,1 % de Marañon et 1,1 % de Nacional.[9]

La controverse autour du CCN-51

LA PRINCIPALE CRITIQUE à l'endroit de cette fève est sa faible qualité aromatique, la seconde sont les besoins agronomiques qu'elle engendre. Concernant le goût, les jugements vont de « Au mieux n'a aucun goût, quand elle en a, il est exécrable », « pas vraiment mal, mais sans aucun intérêt » et « Peut-être du potentiel une fois trouvé le bon procédé de fermentation ». Le fait est qu'aucun chocolatier reconnu n'utilise cette fève et aucune tablette contenant du CCN-51 n'a jamais gagné une distinction à l'un des innombrables événements ou compétitions du chocolat existants maintenant de par le monde. Le CCN-51 ne figure pas non plus dans la liste des cacao « Aromatique » du ICCO.[10]

En tant que producteur de chocolat responsable, j'ai d'autres objections vis à vis du CCN-51. Étant jusqu'à cinq fois plus productif avec de plus grosses cabosses contenant plus de pulpe et de fèves que la variété locale « Nacional » (en Équateur), le CCN-51 absorbe jusqu'à cinq fois plus de nutriments du sol et il pompe aussi cinq fois plus d'eau. Ceci fait qu'après quelques saisons, il est virtuellement impossible de maintenir une plantation de taille importante sans installer un système d'irrigation et sans ajouter des fertilisants, naturels ou chimiques.

9 *https://toakchocolate.com/blogs/news/what-is-the-best-cacao-variety-in-the-world*
10 *https://www.icco.org/about-cocoa/fine-or-flavour-cocoa.html*

Ceci représente des dépenses indispensables mais difficilement supportables pour des cultivateurs qui sont le plus souvent les habitants les plus démunis de leur région. Parce que les faibles appréciations aromatiques du CCN-51 ne lui permettent pas d'atteindre un prix de vente amélioré, et d'amortir ainsi le coût d'un employé, les paysans doivent travailler plus pour obtenir un revenu équivalent à celui généré par une fève aromatique. Plus de travail signifie tailler plus d'arbres, couper plus de broussailles, transporter plus de sacs de 70 Kg sur le dos, déplacer plus de matériel etc... Enfin, parce que le CCN-51 se répand très rapidement et remplace naturellement d'autres variétés, il devient rapidement l'unique variété dans les régions où il est implanté. Moins de la moitié de la récolte Equatorienne de cacao est maintenant considérée « aromatique » alors qu'elle atteignait 75 % en 2015.

Concernant les arômes, les supporters de la fève productrice assurent qu'en appliquant un traitement post-récolte spécifique qui tient compte de l'importance de son mucilage et de la grande taille des fèves elles-mêmes, il est possible de faire ressortir des arômes favorables. Des tentatives ayant recours à de longues périodes de fermentation assorties d'un séchage lent à basse température ont effectivement abouti à des améliorations dans les sensations chocolatées, mais certains les jugent seulement « moins mauvaises ». Un autre argument en faveur de l'hybride est qu'étant donné que 80 % du cacao mondial est « commodité », il y a une demande pour ce produit moins qualifié. Enfin, l'ultime argument supposé emporter tous les autres est qu'avec les répercussions du changement climatique en cours sur les sols, il faut exploiter au mieux chaque centimètre carré de terre arable, et le rendement élevé du CCN-51 répond à cette nécessité.

Il y a une part de vérité dans ces assertions. Par définition toute la récolte ne peut pas être « Premium ». Cependant, je suis convaincu que le CCN-51 n'apporte pas ce dont les planteurs locaux ont besoin: une meilleure qualité de vie par un revenu augmenté, mais pas plus de travail et plus de risques financiers.

CHOCOLAT ROSE

LE 5 SEPTEMBRE 2017 à Shanghai, le plus gros transformateur de cacao du monde, le conglomérat Franco-Belge basé en Suisse, Barry Callebaut, a lancé un produit chocolaté de couleur rose. Baptisé « Chocolat Ruby » par la compagnie, celle-ci assurait alors qu'il s'agissait d'un quatrième type de chocolat après le chocolat noir, le chocolat au lait et le chocolat blanc. Bien que peu bavarde sur l'origine de sa création, Callebaut annonçait qu'il ne s'agissait pas d'une nouvelle variété de fève et qu'il ne contenait aucun élément OGM. La compagnie détailla que le chocolat Ruby était le fruit d'années de recherche ayant débutées en France et en Belgique dès 2004. Certifiant que Ruby était 100 % naturel et ne contenait aucun arôme ou colorant ajouté, Callebaut n'a pas fourni plus de détails sur le procédé spécial qu'elle a breveté pour le produire. D'après son site internet, le chocolat Ruby contient 47,3 % de composants

LES « CACAO WAFERS » DE TRADER JOE'S POUR LA SAINT VALENTIN 2019

cacao solide tels que calculés sur la base des Codex standard et pas moins de 32,5 % de cacao solide sur le produit fini.[11] Ceci signifie que les deux tiers du chocolat Ruby ne proviennent pas de la fève de cacao.

Nestlé fut le premier à commercialiser du chocolat Ruby dans l'un de ses KitKat exclusivement vendus au Japon, où il existe déjà une grande et très variée collection de KitKat aromatisés. En 2018 l'épicerie de Luxe londonienne « Fortnum & Masson » proposa une tablette à base de chocolat Ruby et d'autres pâtissiers-chocolatiers ont suivi. Au début 2019 Callebaut commença à vendre sur le marché américain. Cependant, pour l'instant le Ruby ne peut s'appeler « Chocolat » aux États-Unis, car un composant qu'il contient (celui responsable du haut niveau d'acidité du Ruby), n'est pas actuellement autorisé par l'Agence américaine de contrôle des aliments et médicaments (FDA). C'est sans doute la raison pour laquelle le distributeur alimentaire « Trader Joe's » a baptisé sa confection spéciale pour la Saint Valentin à base de Ruby, « Ruby cacao Wafers » et non « Ruby chocolate ». Les premiers jugements sur cette confection la décrivent comme étant très sucrée, fruitée avec de fortes similitudes avec le chocolat blanc mais avec de fortes notes rappelant le raisin. Il faut noter que jusqu'à présent toutes les confections utilisant le Ruby ont moins de 45 % de contenu cacao. Tous ceux qui ont gouté au Ruby, y compris moi-même, le trouvent très similaire à un chocolat blanc très sucré parfumé à la framboise sans sensation chocolatée.

La rareté des informations fournies par Callebaut, que certains appelleront « le secret », concernant les origines et le procédé de fabrication du Ruby a conduit à de nombreuses suppositions. Callebaut ayant déposé un brevet en 2009 sur un matériau dérivé du cacao et utilisant des fèves non-fermentées, certains professionnels du chocolat assurent que le Ruby est fait de fèves non-fermentées, du CCN-51 ou d'autres variétés pourvues que les fèves soient de couleur naturellement violette comme la plupart des Forastero. Elles seraient mises dans un bain d'acide citrique pour produire les effets de la fermentation qu'elles ne subissent pas, avant d'être dégraissée par un processus similaire à celui utilisé pour décaféiner le café (un bain d'éther). Callebaut a affirmé que le Ruby est fait avec des fèves provenant de Côte d'Ivoire et du Brésil, ou le CCN-51 est peu présent et aussi d'Équateur qui est actuellement le premier producteur de CCN-51.

Par principe, j'aime bien savoir ce que je mets dans mon organisme et n'apprécie pas le manque d'informations entourant le Ruby. Par ailleurs, je l'ai trouvé bien trop sucré et trop peu cacaoté pour mon goût.

11 *https://www.callebaut.com/en-OC/chocolate-cocoa-nuts/chr-r35rb1/ruby*

LE « WHOLE FRUIT »

EN SEPTEMBRE 2019, le même Callebaut a, á nouveau lancé une innovation dans le chocolat, qu'il a baptisé « Whole Fruit » ou « Fruit Total ».[12] Cette création utilise l'ensemble de la cabosse plutôt que juste les fèves de cacao qu'elle contient. Callebaut applique un procédé au jus exprimé durant la fermentation et à la pulpe pour en extraire le sucre qu'ils contiennent et l'incorporer au chocolat à la place du sucre raffiné (de canne, betterave ou autre) qu'il inclut d'ordinaire. Ce composant sucré additionnel permet d'élaborer du chocolat mais aussi de nombreux produits chocolatés comme des smoothies, des desserts, des pâtisseries et autres snacks.

Au printemps 2020, le géant Américain Mondolez devait lancer une gamme entière de produits chocolatés utilisant le « Whole Fruit » de Callebaut en la baptisant « CaPao » mais la crise sanitaire du Covid-19 a reporté ces plans. De son cote, Nestlé a déjà mis sur le marché des KitKat « Whole Fruit » au Japon.

Pour les marques incorporant le « Whole Fruit » les arguments de vente essentiels sont l'absence de sucre raffiné, qui est couramment considéré malsain et le fait que presque 100% du fruit soit exploité ou mis en valeur, ce qui est présenté comme un aspect positif. Les personnes ayant goûtées le « Whole Fruit » le trouve très proche du chocolat actuel et son goût variera peu en fonction des variétés et origines utilisées. Comme d'habitude, Callebaut ne fournit pas d'informations sur l'origine des fèves, leur(s) variété(s) et le procédé appliqué n'est pas détaillé.

Je pense que les agriculteurs du cacao aimeront ce nouveau développement si la vente de l'ensemble de la cabosse au lieu de seulement les fèves mouillées, se traduit dans le prix de vente par une augmentation de leurs revenus.

Dans de très nombreuses exploitations les cabosses sont ouvertes sous les arbres et les carcasses laissées à pourrir au pied des cacaoyers.

12 *https://www.barry-callebaut.com/en/manufacturers/wholefruit-chocolate-barry-callebaut*

PHOTOS PAR « WE LIVE CHOCOLATE » SUR FOTER.COM /CC BY ETC....

Ce faisant, elles attirent les minuscules insectes responsables de la pollinisation des fleurs de cacao. Dans certains cas les paysans devront remplacer cet appât par quelqu'autre douceur, ce qui ajouterait une tâche à l'exploitation. De même, une fois évidées, les cabosses sont couramment transformées en fertilisant organique. En leur absence, il sera nécessaire de trouver un produit de remplacement. Enfin, concernant la meilleure qualité affirmée du sucre provenant de la pulpe de cacao comparée au sucre extrait de canne à sucre ou de betterave, la principale différenciation est dans le processus d'extraction (raffiné ou pas) plutôt que dans la source elle-même.

CERTIFICATIONS

UNE CERTIFICATION EST en fait un contrat d'assurance transférant dans notre cas, un risque depuis l'acheteur de fèves de cacao à l'organisme de Certification. Par exemple, avec la certification, un chocolatier peut décrire ses fèves comme étant « organiques » ou « biologiques » et s'il est démontré qu'elles ne le sont pas, c'est potentiellement l'organisme de certification qui sera accusé de mensonge. Le coût de ce contrat est généralement partagé entre plusieurs participants. Il ne garantit pas, en soit, la réalité sur le terrain. Après plus de vingt ans d'efforts de la part des sociétés de chocolat, des pays producteurs de cacao et une multitude de reproches de la part des consommateurs, une récente étude financée par « FairTrade International » a conclu que 58 % des fermiers certifiés « FairTrade » en Côte d'Ivoire, avaient un revenu inférieur à 1,9 US$ par jour, qui est le seuil d'extrême pauvreté. De plus, plus des trois quarts (78 %) des planteurs de cacao ivoiriens n'atteignent pas le niveau de revenu minimum défini par le gouvernement ivoirien comme permettant une vie décente.

Les principaux organismes de Certifications dans le cacao sont:

FAIR-TRADE LABELLING ORGANIZATION (FLO)

FAIRTRADE

CRÉÉE EN 1997 en Angleterre, FairTrade est une structure de standardisation. Sa mission, telle que décrite sur son site web, consiste à définir des standards permettant d'améliorer la vie de tous les individus impliqués dans la production de produits agricoles partout dans le monde.[13] Dans ce but, FairTrade travaille avec les entreprises, les gouvernements, les lobbies et les agriculteurs pour rendre le public conscient de la situation et des besoins sur le terrain. Largement reconnue dans de nombreuses industries alimentaires, FairTrade concerne 1,66 million d'agriculteurs et ouvriers à travers 1.411 organisations dédiées. Dans les zones ou régions couvertes par FairTrade, l'organisation travaille avec les structures locales pour fixer un prix minimum pour les agriculteurs et identifie aussi des actions de développement des communautés. Une fois atteint un seuil minimum de participants dans une collectivité, FairTrade participe financièrement à des projets tels que la construction de routes, écoles, systèmes d'irrigation ou d'adduction d'eau etc… Concernant le cacao, FairTrade est actuellement présent à Belize, en Bolivie, au Costa-Rica, en République Dominicaine, en Équateur, en Haïti, au Nicaragua, à Panama, au Pérou, au Cameroun, au Ghana et en Côte d'Ivoire.

---

13 *http://www.fairtrade.org.uk*

LA FONDATION MAX HAVELAR

LA FONDATION MAX Havelar a débuté en 1993[14] aux Pays-Bas pour garantir aux petits agriculteurs dans les pays en développement un juste prix pour leurs productions. La Fondation applique maintenant les standards de FairTrade auprès des entreprises et des consommateurs. Elle est l'une des dix-neuf organisations nationales de FairTrade et couvre vingt-quatre pays.

UTZ ET LA « RAIN FOREST ALLIANCE »

AUTREFOIS DEUX STRUCTURES distinctes mais ayant les mêmes objectifs, UTZ et la « Rain Forest Alliance » ont fusionné en 2018[15], selon leur site web, pour mieux répondre aux défis essentiels auxquels l'humanité doit faire face, tels que la déforestation, le changement climatique, la pauvreté systémique et les inégalités sociales. Ils gèrent des programmes au niveau des collectivités et au niveau des planteurs eux-mêmes, avec un accent sur les actions d'atténuation des effets du changement climatique, d'accroissement de la durabilité, de traçabilité ainsi qu'en faveur de la lutte contre la discrimination du genre. La structure fusionnée est active dans la culture du café, du cacao, du thé et des noisettes et travaille avec des marques de renommée mondiale comme IKEA, Mars, McDonalds et Nestlé mais aussi avec de nombreuses autres tel que le distributeur Suisse « Migros » ou le torréfacteur Anglais « Taylor », parmi beaucoup d'autres.

IFOAM - ORGANIQUE

L'IFOAM, APPELÉE « Organics International » a été fondée à Versailles (près de Paris) en 1972 pour coordonner les actions des nombreuses associations indépendantes engagées dans la promotion de l'agriculture biologique. Aujourd'hui, depuis son siège à Bonn (Allemagne), l'IFOAM regroupe cent vingt organisations affiliées de par le monde. L'Assemblée Générale, réunie tous les trois ans, élit les membres du Conseil d'Administration mondial, lequel est responsable de la coordination et de la réalisation des projets de l'organisation. En plus de définir des standards requis pour être « Organique » ou « biologique », l'IFOAM organise de nombreux cursus de formation et de prise de conscience, au bénéfice des professionnels sur le terrain.

DURABILITÉ

L'AGRICULTURE DURABLE, QUE ce soit pour le cacao ou tous autres végétaux, consiste à mettre en œuvre des méthodes de production pérennes, et donc durables, tant d'un point de vue écologique que social. La demande actuelle pour une agriculture durable est le résultat de décennies et même de siècles, de mépris total pour les conséquences à long terme des pratiques agricoles sur-productives encouragées, et parfois même imposées, par les multiples groupes d'intérêt impliqués tout le long de la chaîne d'approvisionnement.

Maintenant que les limites des ressources de la terre deviennent visibles et que les gouvernements et organisations internationales sont devenues plus critiques, la plupart des sociétés exploitant le cacao se tournent vers des projets

---

14 *http://maxhavelaar.nl/english*

15 *https://utz.org/who-we-are/*

durables. Les très anciennes et profondes habitudes à tous les niveaux de la société et le scepticisme d'une petite fraction des acteurs de l'industrie, font que les changements nécessaires ont été jusqu'à présent très graduels et lents.

Par exemple, depuis vingt, vingt-cinq ans ou plus, tous les grands acteurs du chocolat ont lancé des programmes tournés vers l'agriculture durable. Néanmoins, le travail des enfants en servitude demeure un grand problème en Afrique de l'Ouest, la déforestation continue à croitre en Indonésie, au Brésil et dans bien d'autres pays et l'âge moyen des planteurs de cacao continue d'augmenter, en partie parce que la part du revenu du cacao revenant aux agriculteurs n'a jamais été aussi faible.

Reconnaissant cette mauvaise situation, l'un des plus importants acheteurs de cacao et fabricant de chocolat, la société Mars, a lancé en Septembre 2018 un nouveau programme baptisé « Cacao for Generations » avec un engagement d'un milliard de Dollars durant la décennie à venir. Pour afficher encore davantage sa détermination, la société a précisé que cette promesse s'ajoutait au projet « Sustainable in a Generation » débuté en 2017.[16] L'objectif proclamé par Mars pour 2025, est d'acheter 100 % de ses fèves de cacao dans le cadre d'un programme de cacao durable (Responsible Cocoa Program), d'augmenter le prix payé aux agriculteurs pour du cacao de qualité, d'éradiquer totalement le travail des enfants et de stopper la déforestation, en plus de quelques autres changements positifs pour les paysans.

L'anglais Cadbury, filiale de l'Américain Mondelez, a également annoncé d'ambitieux programmes de durabilité au Nigeria et ailleurs, qui inclut des objectifs d'augmentation du revenu des planteurs.

Bien qu'un regard aux résultats des annonces et promesses similaires faites dans le passé par les leaders de l'industrie du cacao, et aussi par les politiciens locaux, ne pousse pas à l'optimisme mais à des félicitations cyniques, je pense que, cette fois-ci, des résultats concrets vont apparaître sur le terrain. Pourquoi maintenant? Parce qu'il existe maintenant une pression forte de la part de tous les acteurs, y compris des clients, et que l'industrie ne pourra pas vivre sans le soutien actif des créateurs de sa ressource initiale, la fève de cacao. C'est pourquoi les leaders et les acteurs de la filière attendent des résultats concrets sur le terrain, en plus des effets d'annonces et des discours rassurants.

Pour mémoire, il y a déjà plus d'un siècle (1905-1906) que la société Cadbury a fait l'objet d'un scandale majeur, car accusée d'acheter du cacao provenant de l'île portugaise de Sao Tomé tout en sachant qu'il y était produit à l'aide d'esclaves. A l'issue du procès en diffamation qu'il avait intenté à « l'Evening Standard », le journal ayant publié l'information, Mr. Cadbury, un Quaker, a lancé des campagnes de communication et a promis que son cacao serait dorénavant « slave free ».

Durabilité et organique/biologique

DURABILITÉ ET ORGANIQUE sont des concepts différents. Le terme d'agriculture organique possède une définition claire et détaillée qui permet un processus de Certification, comme par exemple par le Ministère Américain de l'Agriculture (USDA) et par l'Union Européenne. La certification européenne diffère légèrement de l'Américaine en ce qu'elle inclut plus de critères, mais les deux procédures sont

16 *https://www.prnewswire.com/news-releases/mars-launches-new-cocoa-sustainability-strategy-300714181.html*

axées sur l'absence de substances non-naturelles, i.e. chimique, dans la culture du produit agricole. Elles n'ont pas une approche globale de toutes les conséquences de l'agriculture. Donc, une plante ou un fruit peut tout-à-fait être certifié organique/biologique et ne pas être durable, car la certification organique ne contient aucun critère concernant les conditions de vie animales, l'engagement dans la communauté locale, la consommation d'eau ou d'énergie fossile ni concernant l'émission de gaz à effet de serre ou le recyclage des déchets et packagings.

Norme ISO pour du cacao durable et traçable

EN MAI 2019, l'organisation International des Standards « ISO » Basée à Genève, a publié le Standard ISO 34101 série 19[17] dans le but de professionnaliser la culture du cacao pour améliorer le niveau de vie et les conditions de travail des agriculteurs. Comme indiqué sur son site web, le développement de ce standard a été défini en collaboration avec l'ensemble des acteurs engagés dans la culture du cacao, et la production de chocolat. D'autres organisations techniques de standardisation ont collaboré, ainsi que d'autres comités ISO comme le Comité Européen pour la Standardisation et les membres ISO du Ghana et des Pays-Bas.

Ce développement est évidement une très bonne chose car cela va permettre d'adopter des pratiques durables universellement reconnues. Comme toutes les certifications ISO, la 34101 s'obtiendra à la fin d'un processus qui représentera un coût pour les producteurs. Cependant, comme dans tous les secteurs dans lesquels elle intervient, l'organisation ISO est extrêmement exhaustive et objective. Cela est de nature à créer un climat de confiance entre les professionnels et les consommateurs de chocolat. Il faut espérer que de nombreuses grandes entreprises qui s'auto-certifient actuellement adopteront ce standard qui, lui, a une acceptation universelle.

VOLUNTARY SUSTAINABILITY STANDARD(VSS)

AUPARAVANT, EN L'ABSENCE d'une définition formelle, l'agriculture durable pouvait être vue comme une école de pensée ou un style de vie. Contrairement à « Biologique », « Durable » prend en compte l'impact de l'agriculture sur l'ensemble des conditions de vie, et pas uniquement ce qui touche la plante cultivée. Étant donné que tous les acteurs le long de la chaîne du cacao voudraient être durables, les critères retenus ne sont pas toujours les mêmes entre les fabricants de chocolat, les distributeurs et certaines organisations de consommateurs. Jusqu'en Mai 2019, il n'y avait pas de structure indépendante de certification pour le cacao durable. Cette situation poussait les grandes sociétés impliquées à s'auto-certifier « durable », ce qui portait à confusion et diminuait l'attrait et l'utilité d'appliquer des pratiques durables. Le « Voluntary Sustainability Standard organization »[18] VSS, (Organisation de standards durables volontaires) s'efforçait d'harmoniser et de promouvoir des pratiques durables et obtenait quelques progrès mais il ne disposait pas d'une reconnaissance universelle. On observe sur le terrain, que les structures de petite taille appliquant des pratiques socialement respectueuses et écologiques, sont les mieux adaptées à l'agriculture durable.

---

17 *https://www.iso.org/ics/67.140.30/x/*

18 *https://www.iisd.org/topic/voluntary-sustainability-standards*

LES ACTEURS DU CHOCOLAT

DES AGRICULTEURS JUSQU'AUX CONSOMMATEURS IL Y A UNE MULTITUDE D'ACTEURS IMPLIQUÉS DANS LA CRÉATION ET LA CONSOMMATION DU CHOCOLAT.

LES PLANTEURS

SUR UN TOTAL de 1,5 Milliard de paysans dans le monde, on estime que 4,5 à 5 millions cultivent le cacao. Ce dernier peut être une de leurs activités ou constituer leur unique source de revenu. 90 % d'entre eux sont des petits producteurs exploitant moins de 5 hectares. Dans leur globalité ils apportent un travail - et un revenu - à environ 14 Millions d'individus[19], faisant du cacao la principale ressource économique pour 40 à 50 millions de personnes, si l'on inclut les familles et la proche communauté.[20]

Quatre pays d'Afrique de l'Ouest - La côte d'Ivoire, le Ghana, le Cameroun et le Nigeria - produisent 70 % de la récolte mondiale. Dans ces régions cacaoyères, l'âge moyen des agriculteurs est de 51 ans, alors que l'espérance de vie est de 60 ans. Plus de 50 % de la population est illettrée par manque d'infrastructures d'éducation. Les planteurs d'Amérique du Sud sont quelque peu mieux lotis, notamment concernant l'illettrisme, mais demeurent parmi les plus pauvres dans leur région.

D'après les statistiques du ICCO, le rendement cacaoyer moyen mondial est de 350 kg par hectare. Ce chiffre cache cependant de grandes différences, allant de 200 kg en Équateur à 1.500 kg au Sulawesi (Indonésie). Le rendement moyen en Afrique de l'Ouest s'établit à 400 kg par hectare. La productivité dépend de nombreux facteurs parmi lesquels la génétique de la fève (sa variété), l'âge des arbres et la qualité de la maintenance sont les plus importants. Selon la localisation et la maintenance, jusqu'à 35 % de la récolte disparaît à cause de maladies et des animaux (rongeurs et autres).

Les 20 % du cacao mondial classifiés « Aromatique » se trouvent essentiellement en Amérique du Sud, en Amérique centrale, aux Caraïbes et dans quelques zones limitées en Asie.

A quelques exceptions près - Hawaï, le Nord de l'Australie etc. - les cultivateurs de cacao sont situés dans des pays à revenu faible ou intermédiaire et sont localisés dans des zones peu habitées avec des infrastructures limitées.

---

19 *https://www.icco.org/faq/57-cocoa-production/123-how-many-smallholders-are-there-worldwide-producing-cocoa-what-proportion-of-cocoa-worldwide-is-produced-by-smallholders.html*

20 *http://www.worldcocoafoundation.org/wp-content/uploads/files_mf/14855360702016ResearchSymposium_Day3IITA.pdf*

LES « NOUVEAUX » PLANTEURS

PENDANT QUE L'ACTUELLE génération d'agriculteurs du cacao vieillit, un nouveau type de paysans apparaît petit à petit. Ces « nouveaux » planteurs visent à améliorer leur revenu en recherchant la qualité par l'usage des technologies nouvelles. En général plus éduqués que leurs aînés, ces exploitants sont nouveaux dans le monde de la culture du cacao. Ils la considèrent plus comme une responsabilité sociale que comme une simple activité lucrative. Cette approche fait face à un marché presque exclusivement basé sur la quantité plutôt que la qualité et structuré dans ce sens à tous les niveaux, locaux, gouvernementaux et politiques. Néanmoins, ils font bouger les choses. Par exemple, sous la pression de leurs paysans-électeurs, de nombreux pays producteurs de cacao de petite taille ont démantelé leurs institutions nationales en charge du cacao et/ou ont retiré le monopole à l'exportation dont certaines d'entre elles bénéficiaient. Parce que la poursuite de la qualité requiert de cultiver des variétés aromatiques, ces développements structurels sont plus fréquents en Amérique du Sud et aux Caraïbes qu'en Afrique de l'Ouest et en Indonésie, où l'histoire, la culture locale et la pression des gros acheteurs industriels ont créé des situations structurellement différentes.

PAYS/REGION	TRAVAILLEURS (MILLION)
MONDE	**14.00**
AFRIQUE	**10.50**
CAMEROON	1.60
COTÊ D'IVOIRE	3.60
GHANA	3.20
NIGERIA	1.20
SIERRA LEONE	0.38
TOGO	0.40
AUTRES	0.12
AMERICAS	**1.39**
BRÉSIL	0.21
COLOMBIE	0.28
RÉPUBLIQUE DOMINICAINE	0.20
ÉQUATEUR	0.28
VENEZUELA	0.25
ASIA AND OCEANIA	**2.11**
INDONÉSIE	1.60
MALAISIE	0.31
PAPOUASIE NOUVELLE GUINÉE	0.10
AUTRES	0.10

REFERENCE: ICCO

6 Portraits de « nouveaux » planteurs

TRAVAILLANT DANS DES conditions et des cultures fondamentalement différentes, ces six planteurs s'efforcent de produire et améliorer la qualité de leur récolte. Depuis le scientifique amoureux des oiseaux en République Dominicaine à l'héritier d'un aventurier des affaires à Madagascar, ils proviennent de milieux dissemblables et ont des statuts sociaux très variés. Mais ils sont tous convaincus de la nécessité d'une agriculture durable à tous les niveaux, agronomique, social, économique et écologique et travaillent dans ce sens.

BERTIL AKESSON'S – MADAGASCAR

CONTEXTE

LE CACAO A été introduit à Madagascar dès le début du 19ème siècle avec des fèves de type « Criollo » d'origine mexicaines ayant transitées par les Philippines, Java et Ceylan (maintenant Sri-Lanka).

Néanmoins, la culture cacaoyère n'a vraiment décollé en volume qu'à partir des années quarante sous l'impulsion de deux pionniers M. Millot et M. de la Motte Saint-Pierre. En utilisant des variétés provenant de Java les plantations Millot et la « Compagnie de Culture Cacaoyère » développèrent respectivement 7.000 hectares (elle en exploite aujourd'hui 1.700) et 2.200 hectares. Secouées par les aléas de l'indépendance en 1958, puis par des nationalisations et privatisations, ces deux exploitations sont devenues aujourd'hui:

- La plantation Millot - Elle fit banqueroute en 2004, à la suite de spéculations sur la vanille et fut reprise par un partenariat Malgache - Philippe Fontayne et Ykbal Yridgee - En 2016, le chocolatier Français Valrhona y a pris une participation de 40 %.
- La SOMIA, aujourd'hui propriété de M. Bertil Akesson's Jr.

Millot collecte également de grandes quantités de fèves auprès des nombreux petits agriculteurs travaillant dans la vallée du Sambirano.

Ces deux entreprises exploitent chacune un centre de traitement post-récolte et assurent l'essentiel des exportations de fèves fermentées de l'île qui s'établissent à environ 5.000 tonnes (en 2017).

COMMENT AVEZ-VOUS DEBUTÉ VOTRE ACTIVITE CACAO?

BERTIL A - En 1976, la Compagnie de Culture Cacaoyère, initialement fondée en 1924, fusionne avec une autre société Malgache de production agricole la CAIM pour devenir la SOMIA, qui est alors active dans le cacao mais aussi dans le tabac, le sisal et le riz. En 1977 un putsch militaire installe à Madagascar un gouvernement socialiste qui nationalise toute l'économie, dont cet ensemble.

En 1979, la SOMIA est scindée en deux et mon père Bertil Akesson un homme d'affaire Suédois, rachète les activités minières (mica) et fibre de sisal qu'il développe sur place. Vingt ans plus tard, le Gouvernement Malgache lui impose de racheter le reste du groupe SOMIA, c'est-à-dire essentiellement le cacao, au risque d'être dépossédé de la partie qu'il a développé durant vingt ans. Sans alternative, il intègre le cacao à son portefeuille d'activités. C'est ainsi qu'il a ajouté un peu par hasard le cacao à ses multiples occupations.

En 2004, ayant alors travaillé quatre ans dans l'entreprise familiale, je me suis attelé au marketing du cacao de la SOMIA. J'ai alors découvert l'énorme potentiel du cacao Malgache, dont personne ne voulait vraiment à l'époque à part deux chocolatiers Français, Valrhona et François Pralus qui en faisaient leur arôme de référence en utilisant des fèves provenant de la plantation Millot.

En 2006, les activités cacaoyères de la SOMIA sont transférés à une société créée à cet effet, la SAGI. C'est alors que j'ai pris la décision de me concentrer exclusivement sur le cacao à travers ma propre société « Akesson's Organic ». J'ai finalement repris également les terres de production que j'ai baptisé « Bejofo Estate », du nom du village ou sont centralisées toutes nos activités.

PLANTATION BEJOFO - VALLÉE DU SAMBIRANO

COMMENT VOUS ÊTES-VOUS DÉVELOPPÉ?

BERTIL A - Ayant travaillé sept ans avec mon père sur le terrain, je connaissais bien les hommes et méthodes de travail malgaches mais surtout dans les activités sisal et mica.

Le cacao malgache avait alors la réputation d'être acide malgré ses arômes fruités. Le marché voulait des fèves avec de fortes notes chocolatées et le moins d'acidité possible.

J'ai donc d'abord rassemblé une équipe de professionnels expérimentés qu'il fallait motiver et soutenir. Puis, en m'inspirant de ce que j'avais pu apprendre en visitant des producteurs de cacao, au Vénézuela notamment, mais aussi ailleurs, j'ai entrepris d'adapter les méthodes de traitement post-récolte pour réduire drastiquement les sensations acides des fèves et mettre en avant les notes fruitées et chocolatées de nos plantes, que je savais d'excellentes souches.

J'ai ensuite obtenu les certifications dont nous parlons plus loin, et ai démarché les grands chocolatiers capables d'extraire le meilleur de mon cacao. Ce faisant, je me suis associé avec un producteur brésilien pour lancer ma marque de chocolat « Akesson's Organic ». Mais c'est une autre activité et nous sommes ici pour la plantation.

LES CABOSSES ET FÈVES ANCESTRALES RECONNUES

QUELLE EST VOTRE SITUATION ACTUELLE?

BERTIL A - Aujourd'hui je fourni en fèves à peu près tous les chocolatiers de haut niveau dans le monde, depuis les Français Pralus ou Bonnat, les Américains Dandelion et Amano mais aussi le Chinois Fuwon et le Singapourien Fossa. A Madagascar, pour produire environ 300 tonnes annuelles j'ai une équipe permanente de 150 personnes plus des saisonniers aux périodes de récolte, pouvant aller jusqu'à 700 personnes. Je considère que nous avons tout le segment de marché qui nous est possible et que donc notre principal défi est d'augmenter le segment de chocolat de grande qualité ou « specialty ». Il regroupe les chocolatiers capables d'exploiter la qualité de nos fèves et d'en supporter le prix. La tendance semble positive car on observe aujourd'hui une explosion de petits « Bean to Bar » intéressés par les spécificités de nos fèves, mais jusqu'à présent ils ne représentent pas un volume vraiment significatif.

C'est pourquoi je diversifie mon offre en y ajoutant des épices, (poivre rose) de la vanille et d'autre produits spécifiques à l'agriculture tropicale et à Madagascar.

QUELLE EST VOTRE APPROCHE DES CERTIFICATIONS?

BERTIL A - A Madagascar j'ai la certification « Organique – Bio » - depuis 2005, la certification d'agriculture durable « For Life » depuis 2016 et en 2017 les fèves ont reçues la certification « Heirloom » qui désignent les variétés d'origine ancienne. Dans mon cas elle garantit que mes fèves sont des descendantes authentiques de Criollo mexicain. La plantation du Brésil quant à elle, possède le certificat d'agriculture durable de Utz.

Cependant, je pense que les certifications en général ne sont qu'un mal nécessaire. Je veux dire que l'impact réel des certifications sur le terrain, qu'elles soient agronomiques - « Bio » par exemple - ou environnementales et sociales comme Fairtrade, Utz etc... - est minimal. En effet, la plupart des pays producteurs de cacao ont des institutions juridiques et des cultures accordant une faible importance à l'état de droit et dans lesquels les règlements sont au mieux des objectifs vers lesquels il est préférable de tendre plutôt que des obligations fermes. De plus, les énormes écarts de revenus entre les bénéficiaires des certifications et les employés les décernant sont propices à des manœuvres qui, localement, sont souvent perçues comme légitimes.

Il n'y a aucune raison de penser que les règlements « bio » soient traités différemment que les lois et autres règlements de la société. D'ailleurs, malgré plus de vingt ans de certifications, la situation des agriculteurs et celle de leurs terres n'ont que peu évoluées. J'en conclu que la raison d'être première de la plupart des certifications est

GRANDES BOÎTES DE FERMENTATION

de répondre à un réel besoin marketing perçu par les chocolatiers et leurs distributeurs.

Cependant, même si les résultats sont faibles, il y en a, et il est bon que ces sujets - le « bio » et l'agriculture durable - soient mis en avant et soient des préoccupations constantes à tous les niveaux.

ARGENT

BERTIL A - L'ensemble des activités est rentable. Il est important de noter que la culture du cacao, pour obtenir de bons résultats, demande énormément de main d'œuvre. Et donc le coût du travail est un facteur-clé dans la pérennité d'une plantation. On observe que quand le coût du travail augmente parce que le niveau de vie du pays s'élève, ce qui est évidement une bonne chose, les fermiers ont tendance à se détourner du cacao au profit de cultures plus rentables dans l'instant, comme souvent les fruits, l'hévéa ou même le café et

CALSSIFIANT LES FÈVES EN TENUE DE FÊTE

la canne à sucre, en fonction des caractéristiques des terrains.

Madagascar n'a pas l'afflux important de touristes que connaissent les pays producteurs de cacao de la zone Caraïbes, le Vietnam, les Philippines et bien d'autres régions. Ceci réduit grandement les bénéfices du tourisme écologique qui représente souvent un complément de revenu essentiel pour certaines plantations.

AUTRES SUJETS

BERTIL A - Je suis évidemment très favorable à l'engouement actuel pour le chocolat « fin » et aromatique fait avec des fèves de qualité. Néanmoins, il faut garder à l'esprit les grandes masses. 80 % du cacao du monde est de faible qualité aromatique. Les quatre cinquièmes des ventes!

Pour de multiples raisons parmi les populations qui achètent - essentiellement dans l'hémisphère Nord - et parmi les millions de petits producteurs qui cultivent, c'est là que le marché se trouve actuellement. Dans les 20 % restants il y une part encore plus infime qui est de grande qualité, comme les miennes, certainement moins de 10.000 tonnes. Sur un volume mondial aux alentours de 4,6 Millions de tonnes, c'est remarquablement peu.

De par leur taille, ces pourcentages ne vont pas changer rapidement. Il a fallu plus d'une génération aux micro-brasseurs pour atteindre 14 % de part de marché aux USA, là où la bière artisanale est la plus importante. Il faut aussi remarquer que le processus de fabrication de la bière est relativement simple comparé à celui du chocolat et ne nécessite pas d'investissements matériel très coûteux ; de plus, il ne s'appuie pas sur une matière première importée. Le café, un produit de plus grande consommation que le chocolat, a effectivement connu une croissance impressionnante depuis l'an 2000. Uniquement aux USA, la part de « specialty coffee » consommée est passée de 14% a 41 % en 18 ans, principalement sous l'impulsion de Starbuck. Mais je ne crois pas une telle progression possible pour le chocolat.

JEAN-YVES BRANCHARD - MYANMAR

CONTEXTE

LE MYANMAR, PAYS de soixante millions d'habitants auparavant connu comme la Birmanie, n'est pas un pays de cacao.

Pourtant, le plan économique national élaboré par le gouvernement militaire socialiste qui dirigeait le pays dans les années soixante-dix contenait l'introduction et le développement de la culture du cacao dans plusieurs régions. Des fèves de cacao furent importées et quelques agriculteurs commencèrent à planter des variétés de « Theobroma Cacao » dans des zones à l'est de Yangoon vers la frontière thaïlandaise. Pour affirmer haut et fort son engagement dans le cacao, Myanmar aussi est devenu membre du ICCO (The International Cacao Organisation, basé in Abidjan - Côte d'Ivoire)

Néanmoins, en l'absence des compétences agronomiques nécessaires et des connaissances requises pour faire fonctionner des centres de fermentation post-récolte et aussi à cause d'un suivi commercial inadéquat, les résultats ne sont pas apparus assez rapidement pour les autorités qui ont conclues que le projet était un échec. Il a donc été abandonné. Les gouvernements suivants ont également renoncé à la culture du cacao qui a complètement disparu.

Depuis 2015, au vu du succès de pays voisins comme le Vietnam et dans une moindre mesure la Thaïlande, des représentants gouvernementaux ont exprimé leur soutien pour la culture du cacao au Myanmar. Mais les mesures concrètes et efficaces sur le terrain se font rares et la récolte Birmane de cacao est actuellement minime, estimée inférieure à cent tonnes.

LA DÉTERMINATION PAIE!

COMMENT AVEZ-VOUS DÉBUTÉ VOTRE ACTIVITÉ CACAO?

JEAN-YVES B - En 2003, alors que je cherchais à me diversifier, j'ai décidé d'essayer de planter du cacao. Conscient des problèmes récurrents que le Vietnam avait connus à ses débuts, j'étais très soucieux des maladies et déterminé à utiliser des graines saines et des variétés robustes. J'ai donc pris contact avec le CIRAD (Centre français de coopération internationale en recherche agronomique pour le développement) à Montpellier. A la suite de plusieurs conversations et d'échanges d'emails, j'ai suivi leur avis et ai reçu par DHL trois milles graines de cacao provenant d'une exploitation du CIRAD au Vanuatu!

J'ai sélectionné deux zones pour les planter. La première dans la région de « Karen », au Nord-Est de Yangon vers la frontière thaïlandaise. Cette province était sporadiquement perturbée par la guérilla mais le fait qu'elle avait encore des cacaoyers abandonnés

JEUNE SEMI PROTÉGÉ PAR DES « BÉTEL »

depuis les années soixante-dix était une preuve que le sol et les conditions climatiques étaient favorables au cacao.

La deuxième zone se situe à environ trois cent cinquante kilomètres au sud de Yangon, dans une zone où le pétrolier « Total » construisait le pipeline d'Asie du Sud-Est, à l'époque très controversé. Une région qui s'est avérée bien meilleure à long terme.

Nous avons d'abord commencé une pépinière avec les graines du CIRAD, puis avons finalement planté les semis en terre. Mais l'endroit désigné a nécessité des adaptations car, une de ses caractéristiques était d'avoir une très faible nébulosité nocturne ce qui produit une trop grande évaporation et un manque d'humidité pour le cacao.

Nous avons donc dû augmenter l'ombrage pour maintenir une atmosphère du type « Rain Forest ». Heureusement pour nous, un arbre local extrêmement répandu ici pour ses fruits, le « Bétel » (Areca Catechu tree) a les attributs parfaits pour fournir à la fois l'ombrage aux cacaoyers et les composants nutritifs au sol. Mais il y demeure un facteur négatif qui est une pluviométrie très importante durant la saison des pluies qui apporte entre deux et six mètres d'eau durant l'année.

cirad
AGRICULTURAL RESEARCH FOR DEVELOPMENT

Une fois tous nos efforts réalisés, les guerres internes au pays ont repris et nous n'avons pas pu accéder à la plantation durant trois ans. Ensuite, environ dix hectares ont été détruits par un incendie de forêt provoqué par un éclair sur une plantation d'hévéas toute proche.

COMMENT VOUS ÊTES-VOUS DÉVELOPPÉ?

JEAN-YVES B - En 2012 nous avons relancé le projet cacao en partenariat avec des agriculteurs qui n'étaient plus dans des zones de guerre. Au Myanmar, il y a beaucoup de concurrence pour accéder aux sols. Malgré un cours connaissant d'énormes fluctuations, le latex et donc la culture des hévéas reste attirante et avec l'explosion de la demande pour l'huile de palme, il existe une forte pression sur les terrains au Myanmar. Les habitudes culturelles ici créent également des complications pour quiconque veut acquérir du terrain. A moins que votre transaction soit réalisée en totale transparence et avec la bénédiction publique du chef de village, des voisins et parfois du shaman ou du sorcier, votre titre de propriété peut être

FORMATION DES AGRICULTUREURS

mis en doute et vous pouvez très bien ne pas être le propriétaire du terrain.

Nous avons répliqué notre approche initiale en achetant des graines auprès du CIRAD, construisant des pépinières et impliquant les paysans dès le début. Étant donné l'absence de culture cacaoyère, j'ai commencé par former les agriculteurs au greffage du cacao, à la taille et bien entendu à la récolte. J'ai également construit un centre de fermentation pour moi. De retour à Yangon, j'ai créé un petit laboratoire de production de chocolat pour élaborer des tablettes de chocolat de qualité de divers pourcentages. J'étais nouveau dans le chocolat et j'ai appris en lisant tout ce que je pouvais sur le sujet, sur internet et dans des livres. J'ai aussi fait beaucoup d'essais dans un processus d'apprentissage sur le tas. Par exemple, nous avons acheté une tempéreuse de la marque italienne Pomati et cela nous pris beaucoup de tentatives et de temps et d'efforts pour trouver le réglage correspondant le mieux à la viscosité de notre chocolat qui n'a que deux ingrédients: fèves de cacao et sucre de canne.

Depuis environ deux ans, notre production de chocolat est vendue dans de nombreux hôtels internationaux à Yangon, à l'aéroport et dans d'autres lieux touristiques du pays. Cependant, je suis conscient que je dois améliorer la qualité et la productivité du laboratoire à chocolat.

QUELLE EST VOTRE SITUATION ACTUELLE?

JEAN-YVES B - La petite notoriété que m'a apporté le fait d'avoir été le premier à faire du chocolat au Myanmar m'aide à augmenter les ventes dans un nombre croissant de points de vente. Je reçois parfois même des propositions du gouvernement du Myanmar pour représenter le pays dans des événements internationaux liés au chocolat! Je perçois beaucoup d'intérêt pour la culture du cacao et pour le chocolat. Les paysans aiment l'idée de récolter une production semblant demander peu ou pas d'entretien. Mais sans

JEUNES CACAOYÉS À L'OMBRE

connaissance et sans un soin approprié, il y a aura des répercussion négatives sur la qualité et la réputation du Myanmar en tant qu'une origine de cacao de qualité.

Je pense que la demande mondiale pour le cacao de qualité ou aromatique va continuer à croitre et que, en tant que petit producteur le Myanmar devrait viser le segment de la plus grande qualité car il offre de meilleures marges et permettrait aux agriculteurs d'éviter une guerre des prix perdue d'avance avec les producteurs de gros volumes d'Afrique de l'Ouest et d'Indonésie ou des Philippines.

Je gère actuellement deux plantations d'une étendue combinée d'environ vingt-quatre hectares. Je travaille exclusivement en système agro-forestier avec une faible densité de cacaoyers (ils sont éloignés d'au minimum six mètres). Il est important de noter que le principal arbre d'ombrage, le « Bétel » ou « areca tree », produit une récolte par an et ne nécessite aucun produit chimique ni comme fertilisant ni comme pesticide. Les plantations de cacao avec des Bétels permettent aux paysans de facilement doubler leur revenu.

Mon objectif est d'avoir environ trente mille cacaoyers d'ici deux ans et d'avoir une usine à chocolat d'ici cinq ans. Je suis conscient que pour atteindre ces cibles il me faudra réaliser de grands changements dans mon portefeuille d'activités mais aussi des évolutions fortes dans la gestion du domaine rural du pays, pour lesquels un environnement politique stable est un prérequis.

QUELLE EST VOTRE APPROCHE DES CERTIFICATIONS?

JEAN-YVES B - Je n'ai actuellement aucune certification. Je ne suis même pas sûr que les diverses entités de certifications soient opérationnelles au Myanmar. Une fois que je serai capable d'exporter mon cacao et/ou chocolat, je m'intéresserais à la dénomination « Organic » de l'USDA (*ndlr*: Le ministère américain de l'agriculture)

De ce que j'ai pu voir dans d'autres pays et régions de production, le processus de certification n'est pas insensible aux interférences politiques et financières. Donc, je ne suivrai le coûteux chemin de la certification que lorsqu'un client ferme l'exigera. Concernant mon propre chocolat, je sais comment je travaille à la ferme et donc je sais que je suis totalement « bio » et durable.

Pour des raisons de qualité, une certification que j'aimerai poursuivre est le « Cacao d'Excellence » *(ndlr: Voir chapitre sur les compétitions et médailles)*. Les caractéristiques organoleptiques du fruit sont jugées et elles dépendent uniquement des choix du planteur en termes de variété, de terrain, de soins apportés etc... Pas du chocolatier qui transforme. Je pense être prêt dans deux ans.

ARGENT

JEAN-YVES B - Jusqu'à maintenant je considère mes activités agricoles et de fabrication de chocolat comme une seule entité économique. Je n'ai pas assez de fèves pour moi-même donc je n'en vends à personne ni au Myanmar ni à l'export. Pris dans son ensemble, l'activité cacao-chocolat est tout-à-fait rentable. D'ailleurs je suis activement à la recherche de solutions pour augmenter ma récolte de cacao pour satisfaire la demande de chocolat.

Parallèlement, j'envisage d'acheter des fèves aromatiques d'autres provenances pour développer un portefeuille complet d'origines et d'arômes.

AUTRES SUJETS

JEAN-YVES B - Concernant le cacao au Myanmar, j'ai deux inquiétudes. La première est l'engagement profond, efficace et soutenu dans le temps des instances gouvernementales. De par son fort impact sur la vie rurale et sur le revenu dans les régions, la décision de poursuivre et encourager la culture du cacao a des conséquences politiques qu'il convient de prendre en compte. Jusqu'à présent, j'ai vu de bons progrès dans les domaines des routes et de la gestion de l'eau. Mais il faut en faire bien plus pour promouvoir le cacao en termes de formation des paysans, d'organisation de coopératives etc... Et il faut aussi clamer sur les marchés mondiaux que le Myanmar est maintenant un producteur de cacao de qualité.

La deuxième est la qualité même des fèves, des variétés. Les maladies de l'arbre cacao peuvent se répandre très vite si les agriculteurs ne sont pas formés à réagir dès l'initiation d'un problème. Sans les connaissances agronomiques largement disséminées, un accident peut dégénérer extrêmement rapidement. Il faut absolument éviter de répéter ce qui s'est produit au Vietnam et en Malaisie au démarrage de leur développement du cacao.

Ayant dit cela, pour moi le chocolatier vietnamien « Marou » montre l'exemple de ce que je veux faire à longue échéance. Cela veut dire, gérer deux plantations de taille moyenne d'environ dix hectares chacune et collectant des cabosses de producteurs du voisinage tout en élaborant des tablettes de chocolat de qualité, vendues dans ma boutique et à l'exportation.

LIVRAISON DE SEMIS DURANT LA SAISON DES PLUIES

CHRISTOPHER FADRIGA, PLANTATION DE SIKWATE – LES PHILIPPINES

CONTEXTE

L'ARCHIPEL DES PHILIPPINES cultive le cacao depuis plus de quatre siècles. Les colonisateurs espagnols ont apporté des fèves du Mexique dès le début du dix-septième siècle. Le « Criollo » mexicain était cultivé dans la plupart des îles de l'archipel des Philippines. Au tournant du vingtième siècle lorsque la demande pour le cacao a montée en flèche et que les gros acheteurs européens commencèrent à établir de grandes exploitations productives en Afrique de l'Ouest, de grands propriétaires sur l'Ile Méridionale de Davao se sont également lancés. Ils plantèrent les mêmes variétés résistantes et productives que celles utilisées en Côte d'Ivoire, au Ghana ou au Cameroun, toutes de la famille des Forastero.

Aujourd'hui, la province de Davao produit plus de quatre-vingts pour cent du cacao philippin. Quasiment la totalité est vendue bon marché en tant que « Commodité ». En réponse à la demande actuelle pour des fèves aromatiques de qualité, des paysans sur l'île de Davao et dans d'autres îles essaient des variétés aromatiques.

Christopher Fadriga est de ceux-là

DES FLEURS AU CACAO

COMMENT AVEZ-VOUS DÉBUTÉ DANS LE CACAO?

CHRISTOPHER F. - En 2013, je cultivai des fleurs depuis longtemps déjà à environ quarante-cinq kilomètres de la ville de Cebu (Cebu City) et j'étais engagé dans l'agriculture biologique. Un jour par hasard dans les champs j'ai trouvé une cabosse de cacao ayant une peau excessivement légère et douce. Tellement douce que j'ai pu l'ouvrir en pressant avec les doigts et cela m'a intrigué. Cela m'a beaucoup surpris car je n'avais jamais touché une cabosse de cacao si tendre, en plus elle sentait vraiment bon. J'ai posté quelques photos sur Facebook et Steven DeVries, un chocolatier « Bean to Bar » de Denver (USA) et aussi grand connaisseur de cacao m'a rapidement contacté pour avoir plus de détails. Le négociant alimentaire japonais Tachibana m'a aussi questionné. Tous les deux suggérèrent qu'il pouvait s'agir d'un vieux Criollo mexicain que l'on croyait disparu depuis longtemps. Ceux-là même que les Espagnols avaient importé au début du dix-septième Siècle. *Tachibana* ajouta que si tel était le cas, il y aurait une forte demande au Japon pour ce cacao car les consommateurs sont de plus en plus attirés par les chocolats aromatiques de qualité.

EN 2014, un bon ami à moi, Monsieur Mel Santos, m'a invité à un séminaire de quatre jours à Malagos Garden, organisé par le géant alimentaire américain « Mars » pour enseigner aux paysans

à produire du cacao de manière optimale. Durant une session de questions ouvertes, j'ai parlé de la possibilité qu'il y ait dans notre pays du Criollo original et du potentiel que cela représentait pour du cacao philippin de qualité. La plupart des participants cultivait du cacao de commodité vendu à des groupes industriels comme celui organisant l'événement et n'était pas intéressé par une récolte sans un acheteur préalablement identifié. Je n'ai pas suscité beaucoup d'intérêt. Cependant, cet événement a été crucial pour moi car une poignée de cultivateurs s'est montrée enthousiaste à mon idée.

CHRISTOFER FADRIGA, L'AUTEUR ALAIN D'ABOVILLE ET MEL SANTOS

M. Santos qui cultivait des variétés hybrides sur les terres d'un ordre religieux à Davao « Les Frères du Sacré Cœur » (Brothers of the Sacred Heart), était comme moi très intéressé par la possibilité d'exploiter des fèves de variétés aromatiques aux Philippines. Nous avons lancé une campagne sur les réseaux sociaux pour demander aux Philippins d'aller chercher dans leurs jardins, leurs champs et dans la nature s'il y avait des cabosses de cacao avec une peau douce et tendre et des fèves intérieures de couleur pâle ou ivoire. Cela a été une surprise encourageante de recevoir de nombreuses photos pouvant être des « anciens Criollo philippins ». Nous avons ensuite été vérifier les arbres les plus prometteurs pour obtenir des fèves.

COMMENT VOUS ÊTES-VOUS DÉVELOPPÉ?

CHRISTOPHER F. - En 2015 j'ai commencé une pépinière à Atipulan Bago City, sur l'île de Negros, pour produire des arbres source avec les fèves de cacao blanche que nous avions collectées par la campagne en ligne. Nous avons également diffusé des arbres source par le biais de l'association de planteurs de cacao « Association Plantation de Sikwate ». L'objectif était d'être capable de produire assez d'arbres source pour avoir suffisamment de boutures pour que de nouveaux agriculteurs se lancent dans la variété de fèves pâles que nous appelions désormais « Filipino Aromatico ». Après trois ans, nous avons maintenant assez d'arbres source pour nos boutures et nous en envoyons dans tout l'archipel.

Maintenant le négociant Japonais *Tachibana* nous aide à

confirmer la génétique du Filipino Aromatico. Étant donné qu'il est notoire que le cacao s'auto-hybride facilement, il est peu probable que nous ayons du pure Criollo mexicain, car il n'y en a sans doute plus sur la planète. Cependant nous avons identifié de nombreuses fèves de couleur pâle ou blanche qui ont déclenché beaucoup d'intérêt de la part des chocolatiers européens et japonais.

QUELLE EST VOTRE SITUATION ACTUELLE?

CHRISTOPHER F. - La « Plantacion de Sikwate Cacao Producers Association » a connu un grand succès en s'appuyant sur les réseaux sociaux. Aujourd'hui le plus grand projet de Filipino Aromatico est en cours de réalisation sur l'île de Negros, près de l'aéroport de Bacolod. Sur une grande ferme de cinquante-deux hectares auparavant dédiés à la culture de la canne à sucre, nous plantons quarante hectares de Filipino Aromatico. Après avoir retiré la canne à sucre, nous avons d'abord planté vingt-six mille bananiers pour créer de l'ombre pour les jeunes cacaoyers et aussi d'autres végétations pour atténuer les forts coups de vents existants par moment dans cette région. Pour être totalement « bio » nous avons créé une station de compost/fertilisant composée d'un grand bassin avec des vers de terre que nous remplissons de fumier organique et boue de canne à sucre. Nous avons répandu neuf cents tonnes de boue de canne à sucre par hectare. L'effet est tellement spectaculaire qu'après seulement sept mois, les bananiers ont déjà des fruits. Pour diminuer les dommages que des périodes de sécheresse prolongées pourraient causer, nous mettons en place un système d'irrigation par goutte-à-goutte alimenté par des pompes fonctionnant à l'énergie solaire. Cette année nous entrons dans la phase de transplantation. La pépinière a maintenant suffisamment de semis pour couvrir progressivement les quarante hectares. Nous attendons la première récolte dans deux à trois ans.

QUELLE EST VOTRE APPROCHE DES CERTIFICATIONS?

CHRISTOPHER F. - Nous sommes « Bio », c'est notre ADN. Pour les mêmes raisons nous prenons grand soin des gens engagés dans notre activité ; pas seulement parce que nous sommes des gens corrects, mais aussi car seulement des travailleurs contents produisent de bons produits et peuvent prendre soin de leur communauté. Donc,

L'AUTEUR A L'INAUGURATION DE LA PLANTATION DE INDAI LE CORTES DANS LES « CHOCOLATE HILLS »

je pense que nous rentrons dans les critères « Organic » (ou Bio) et aussi durable, que ce soit Fairtrade ou autre. Parce que nous visons un marché de niches qui s'implique dans la « supply chain », nous ne ressentons pas le besoin de supporter le coût des certifications. Par exemple, notre client potentiel japonais a visité notre plantation plusieurs fois et je lui envoie les informations chiffrées qu'il demande concernant notre usage de fertilisants et de pesticides organiques. Il participe à l'établissement du protocole post-récolte etc... Donc, d'une certaine manière il s'auto-certifie mais nous ne nous impliquons pas nous-même.

ARGENT

CHRISTOPHER F. - Les agriculteurs, en général, n'obtiennent pas assez pour leurs fèves et je trouverai toujours le prix payé aux paysans insuffisant. Ici, le prix actuel au kilo pour des fèves fermentées et séchées est d'environ 10 Pesos (*ndlr*: environ 2 $ US, soit le prix commodité). A Davao et dans d'autre régions également, il y a une tendance consistant à demander au fermier de réaliser la fermentation lui-même ou elle-même plutôt que d'avoir recours à un grand centre de traitement central. Pour être bien faite, la fermentation requiert des compétences techniques, un savoir-faire et des volumes importants que les petits agriculteurs n'ont en général pas. Mais tous souhaitent augmenter leurs revenus et bien sûr le prix des fèves fermentées-séchées est supérieur à celui des fèves mouillées.

Une autre tendance ou mode pour accroître les revenus est de produire des produits chocolatés. Je pense que cela ne peut être rentable que s'il existe un marché local solvable, car les petits producteurs n'ont pas les moyens d'atteindre le marché national ni bien sûr l'export.

LA PÉPINIÈRE DE CHRISTOPHE FADRIGA SUR L'ÎLE DE CEBU

Aux Philippines, il y a un énorme marché pour le chocolat local « Tablea ». Il s'agit d'un chocolat fait en écrasant des fèves - pas forcement fermentées - et à en faire des boules que les gens fondent dans du lait chaud ou de l'eau pour faire du chocolat à boire. C'est un produit qui pourrait être développé par les planteurs probablement en mutualisant leurs ressources dans le cadre de coopératives ou d'autres formes d'associations.

AUTRES SUJETS

CHRISTOPHER F. - De par mon expérience dans la culture du cacao, je pense qu'il existe un marché de niche en croissance recherchant des agriculteurs capables d'offrir des fèves aromatiques de qualité. De plus, lorsqu'il existe une histoire crédible, je veux dire vraie et authentique, cela ajoute de la valeur. C'est le cas du Filipino Aromatico dont l'origine peut être retracée jusqu'au galion espagnol « Santisima Trinidad » qui apporta les graines de Criollo mexicain au dix-septième siècle. Cela crée un lien avec l'histoire et avec les gens. Je suis sûr que cela nous aidera à atteindre notre objectif de dix millions de cacaoyers Filipino Aromatico d'ici dix ans et de distribuer des bons arômes dans le monde entier.

MONICA LILIANA – MARIANA COCOA EXPORT

CONTEXTE

APRÈS DES DÉCENNIES de promotions et de « branding » international, la Colombie est célèbre pour son café, une plante originaire d'Afrique de l'Est et importée il y a moins de deux siècles. Le cacao par contre, est originaire des régions occidentales du pays et est cultivé depuis des millénaires dans de nombreuses zones de la Colombie. Cependant le cacao colombien est peu connu car la grande majorité de la récolte est consommée sur place, essentiellement en chocolat à boire. Par ailleurs, jusqu' à récemment les problèmes politiques internes limitaient énormément les possibilités d'expansion du cacao. Depuis la signature des accords de paix qui visent à réintégrer des dissidents violents dans le processus politique, la Colombie a clairement identifié le cacao comme un outil essentiel pour étendre la paix et la prospérité dans les zones rurales. De nombreuses organisations internationale d'aide au développement - USAID, le PNUD, l'Union Européenne et des pays comme la France, l'Allemagne etc... - participent à des programmes comme « Cacao for Peace » dont l'objectif est de former et pousser des paysans à la culture du cacao plutôt que de la coca.

La réputation internationale du cacao colombien est limitée par sa relative rareté à l'export au profit de la consommation intérieure. Le géant national « Casa Luker » créé en 1906, contrôle la quasi-totalité de la récolte de cacao et jusqu'en 2012 il n'y avait pas de surplus au-delà des 40.000 tonnes nécessaires pour satisfaire la consommation locale. Atteignant maintenant 55.000 tonnes (2017) et en hausse, la récolte a un volume disponible et la Colombie est de plus en plus présente sur les marchés export.

La consommation intérieure est satisfaite par des fèves de qualité « commodité » ou « bulk » et les exportations sont presque exclusivement composées de variétés aromatiques (95 %). La plupart des fèves sont des « cultivars productifs » qui ne sont pas reconnues comme « aromatique », dont le CCN-51, et qui sont achetées par les grandes entreprises du chocolat comme « Casa Luker » et une poigné d'acheteurs internationaux. Néanmoins, la Colombie possède des « cultivars heirloom » (ancestraux) et des variétés indigènes ainsi que des hybrides de très grande qualité.

Dans le but d'améliorer le revenu des paysans et ainsi des communautés, quelques organisations promeuvent les variétés aromatiques. « Mariana Cocoa Export » a fait partie de ces pionniers dès ses débuts en 2003, et demeure un acteur majeur dans la recherche de cacao de qualité en Colombie.

IL ÉTAIT UNE FOIS QUATRE SOEURS...

COMMENT AVEZ-VOUS DÉBUTÉ DANS LE CACAO?

MARIANA COCOA - Nous, les quatre sœurs, Mariana, Marcella, Monica et Paola avons formé « Mariana Cocoa Export » en 2003 en utilisant l'activité agronomique de notre père comme levier de départ. Grâce à d'anciennes relations familiales avec des clients en Équateur et au Vénézuela nous avons pu rapidement vendre du cacao « conventionnel » (commodité) vers ces pays. Lorsque nous avons ensuite approché le marché européen j'ai réalisé qu'il n'y avait aucune demande pour des fèves « commodité » en provenance de Colombie car les acheteurs européens étaient déjà satisfaits avec les livraisons bon marché en provenance d'Afrique de l'Ouest et d'Indonésie. J'ai aussi rapidement identifié une demande en croissance pour des fèves de qualité ou aromatiques, à la condition qu'elles aient subi un traitement post-récolte adéquat et rigoureux.

Pour identifier et offrir de telles fèves, l'une d'entre nous - Monica - a été envoyée étudier en Équateur pour être capable de vérifier la qualité et aussi pour mettre en œuvre des programmes de formations destinés aux agriculteurs colombiens.

COMMENT VOUS ÊTES-VOUS DÉVELOPPÉE?

MARIANA COCOA. - Vers 2006/2007 Mariana Cocoa a démarré une première session de formation dans plusieurs coopératives colombiennes. Pour des raisons historiques et logistiques, il n'y a pas de grands centres de traitement post-récolte exécutant la fermentation, le séchage, le stockage et la mise en sacs du cacao en Colombie. Je n'en connais qu'un seul et il n'est pas énorme du tout. En Colombie chaque fermier fermente sa récolte dans de petites caisses en bois et sèche les fèves où que possible. Cela crée une grande difficulté pour nous pour garantir la qualité du produit fini et c'est ce qui nous a incité à réaliser des session de formation sur mesures adaptées au niveau et circonstances des cultivateurs.

Grâce à ces programmes et à une supervision constante (nous testons et contrôlons plus de 300 échantillons par an) nous avons pu maintenir le haut niveau de qualité du traitement post-récolte. Cela nous a permis de vendre en Europe. Plus récemment nous avons commencé à participer à des foires internationales telles que le « Salon du Chocolat » à Paris et le « New England Chocolate Festival » à Boston, pour être visible par les acheteurs. Ces activités sont très utiles pour nous, non seulement pour nous mettre en avant, pour promouvoir le cacao colombien et rencontrer des clients potentiels, mais aussi pour évaluer les marchés, identifier de nouvelles tendances et se faire une idée de la concurrence.

QUELLE EST VOTRE SITUATION ACTUELLE?

MARIANA COCOA - Nous travaillons actuellement avec de nombreuses associations (environ cinquante) dans quatre provinces, Arauca, Putamayo, Santander et Antioquia. Chaque association a entre cinquante et cent cinquante agriculteurs, pour la plupart de petite taille. Il est important de noter que l'âge moyen des planteurs est ici assez élevé, la majorité a entre cinquante et soixante ans. Donc nous faisons tout ce que l'on peut pour motiver leurs enfants à travailler avec leurs parents et à reprendre l'exploitation familiale. Les principales incitations sont le confort de vie (eau courante, électricité etc..), le logement, l'école et la vie communautaire ainsi que le revenu, bien évidement.

LES FÈVES AROMATIQUES TANT RECHERCHÉES

Nos programmes de formation sont basés sur trois composants:

- *Sensoriel/Qualité* - Les propriétés organoleptiques du cacao et comment elles sont mises en valeur par le traitement post-récolte et ensuite apparaissent dans le chocolat.
- *Technique/Productivité* - Les caractéristiques d'une plantation. La qualité de la terre y inclus son Ph, l'irrigation, les vents etc... Les variétés de cacao disponibles, comment créer une pépinière, comment faire des boutures etc...
- *Gastronomie* - Dans le but de monter des projets touristiques nous offrons un module sur la cuisine traditionnelle et sur les préparations au cacao.
- *Commercial* - Comment présenter les fèves de cacao, les descriptions organoleptiques, organiser des dégustations comparatives. Comment définir et classer les clients, comment les approcher.

Nous avons en permanence des sessions de formation que nous adaptons aux spécificités de l'audience. En 2018 uniquement, nous avons formé plus de mille cinq cents professionnels du cacao en Colombie.

Pour ce qui est des exportations de cacao, l'année dernière n'est pas un bon exemple car nous n'avons exporté que trois tonnes de fèves fermentées séchées. Nous nous attendons à une forte hausse en 2019 car les formations portent leurs fruits et améliorent la qualité, ce qui nous permettra d'exporter plus.

QUELLE EST VOTRE APPROCHE DES CERTIFICATIONS?

MARIANA COCOA - Je pense qu'il est maintenant évident que nous recherchons d'abord et avant tout la qualité du cacao. Avec cela présent à l'esprit, nous recherchons aussi à ce que cette qualité soit reconnue par le biais de la certification. Certaines des coopératives avec qui nous travaillons sont certifiées Utz et « bio » (Organic). Cependant, beaucoup des petits producteurs n'ont pas le volume et donc les ressources financières pour réaliser le processus de certification. Parfois des partenaires extérieurs comme USAID et d'autres, cofinancent les opérations de certifications. C'est un sujet de plus en plus crucial pour nous car certains marchés, comme le Canada par exemple, ne considère même pas le produit s'il ne bénéficie pas d'une reconnaissance économique (Fairtrade) et/ou agronomique (certifié « Bio »).

Donc, oui nous reconnaissons l'intérêt des certifications car certaines sont un passage obligé pour accéder aux marchés. C'est un défi important pour nous qui poursuivons toujours la qualité car ici, une très petite fraction du cacao bénéficie d'une certification. J'aimerais que les acheteurs qui réclament ces certifications participent aux frais de leur obtention ou acceptent de payer une prime sur le prix de base.

ARGENT

MARIANA COCOA. - Tous les professionnels du cacao réalisent que le prix payé aux paysans est trop faible. Cette situation est empirée en Colombie par la volatilité du pesos face au dollar américain. Le prix du cacao « Commodité » est fixé en dollar et l'évolution du cours de change accentue les hausses et baisses du cours du cacao qui est déjà très bas et très volatile. Comme ce cours est aussi utilisé en référence pour les transactions de cacao aromatique, ce système maintient l'ensemble de la chaîne dans une incertitude économique permanente. Les petits paysans ont du mal à s'en sortir en vendant leurs fèves mouillées à 2.000 pesos le kg (*ndlr*: environ 60 cents). Les fèves des planteurs qui appliquent nos stricts critères de qualité se vendent à 5.000 pesos, (environ 1,50 US$) soit plus du double de ce prix.

Pour ce qui concerne Mariana Cocoa, nous sommes rentables depuis plusieurs années grâce à nos activités de conseil et de formation.

AUTRES SUJETS

MARIANA COCOA. - Notre but ultime est d'établir et de promouvoir la Colombie comme un producteur de cacao de qualité. Déjà, la plupart des exportations sont faites de fèves aromatiques et c'est une bonne chose. Nous, en tant que Mariana Cocoa, voulons accroître à la fois la quantité et la qualité des exportations colombiennes de cacao. Lorsque nous participons à des foires internationales nous sommes souvent surpris par le fait que de nombreux chocolatiers de qualité ne savent pas que la Colombie cultive du cacao aromatique. La Colombie ne leur vient pas à l'esprit quand ils cherchent des fèves aromatiques. Nous voulons changer cela en compensant le déficit d'information, pour que tous les grands professionnels du chocolat dans le monde entier connaissent la qualité de nos arbres. Il n'y a aucune raison que nous ne puissions pas être comme ou même meilleur que l'Équateur ou le Vénézuela maintenant que notre situation politique est stabilisée.

FAISANT LA PROMOTION DES NOMBREUSES ET SUPERBES ORIGINES DE COLOMBIE

Mapa Organoléptico del cacao
Sabores Finos o de Aroma
TUMACO
NARIÑO
COLOMBIA
POBLACIÓN 179.005 PERSONAS
OCÉANO PACIFICO
ECUADOR
RIO MIRA
PASTO
IPIALES
RESCATE LAS VARAS
RIO GUALAJO
TABLON SALADO
TABLON DULCE
UNION RIO ROSARIO
LA NUPA DEL RIO CAUNAPI
ASOCIACIONES DE PRODUCTORES DE CACAO
CHOCOLATE TUMACO
DULCE
FRUTAL
FLORAL
TIERRA
ESPECIAS & SEMILLAS
AROMAS - SABORES ORIGEN TUMACO
Azucar
Limón
Manzanilla
Lechosa
Aceituna
Caramelo
Nuez
Manteca de Cacao
Frutas
Jazmin
Madera
Flores
Mango
Aji
Menta
Maduro
Cacao
Hojas secas
Kumis
Agridulce
Limón con azúcar
Floral
Hierbas aromáticas
Sal
Panela
Ciruela
Limonaria
Clavos
Melaza
Leche
Avena
Café
RESULTADOS BROMATOLÓGICOS CADMIO
PARAMETRO
UNIDAD
RESULTADO
METODO DE ANALISIS
Humedad % 5,62 AOAC 931.04 - Gravimétrico
Ceniza % 2,87 AOAC 972.15 - Gravimétrico
Grasa % 51,67 AOAC 963.15 - Soxhlet
Proteina % 13,18 AOAC 970.22 - Kjeldahl
Fibra Cruda % 4,82 AOAC 930.20 - Gravimétrico
Carbohidratos Totales % 27,02 Resolución 333 del Ministerio Protección Social - Cálculo
Valor Calórico Kcal/100 g 622,51 Resolución 333 del Ministerio Protección Social - Cálculo
Cadmio mg/kg N.D AOAC 985.35 18th Edición - Absorción atómica

DR. SANH, MARKRIN – CHIANG MAI, THAILANDE

CONTEXTE

LA THAÏLANDE N'EST pas membre du ICCO – « *International Cacao Organization* » - et n'est pas reconnue comme un pays de cacao. Pourtant, des graines de cacao de type « commodité » furent initialement introduites depuis la Malaisie et Java au sud du pays dans les années vingt. Mais les plantations d'hévéas (caoutchouc) étaient énormément plus rentables et le cacao ne s'est pas développé. Grâce aux nouvelles conditions du marché asiatique et à une volonté politique, le pays connait aujourd'hui une renaissance significative. La Thaïlande produit actuellement (2018) moins de trois mille tonnes de cacao cultivés par environ deux mille petits agriculteurs, principalement dans la partie méridionale mais aussi dans le nord autour de la ville de Chiang Mai.

Le renouveau du cacao s'est amorcé il y a moins de dix ans, au début des années 2010 et il y a maintenant de nombreuses communautés intéressées et engagées. Les revenus de la culture d'hévéas étant en baisse, certains planteurs ont commencés à planter des cacaoyers entre les hévéas. Un autre facteur est le flux important de touristes occidentaux et internationaux à la recherche de produits locaux de qualité et authentiques ce qui a créé une demande pour le chocolat et des activités agro-touristiques. Des agriculteurs entreprenants saisissent cette opportunité pour planter du cacao sur leurs terres et lancer des projets d'éco-tourisme. Enfin, l'évolution de la demande en chocolat de qualité dans des pays voisins comme la Chine et le Japon suggère que la Thaïlande pourrait rapidement devenir un grand fournisseur et transformateur de cacao convertissant ce fruit en une activité agricole très lucrative.

Parmi les nombreuses variétés cultivées en Thaïlande, la plus répandue est le Chupurn qui est particulièrement bien adaptée aux conditions climatiques du sud du pays mais ne se comporte pas aussi bien dans le nord qui possède une météorologie plus extrême, à la fois plus sèche et plus pluvieuse.

Parce que le cacao apporte des ressources aux communautés rurales, le gouvernement central et de nombreuses organisations sociales supportent les efforts pour créer une filière cacaoyère nationale.

Dr. Sanh, à la tête d'une double activité de recherche et d'exploitation - MarkRin Chocolate and Farming - est à la fois un initiateur et un acteur majeur de l'évolution en cours en Thaïlande.

COMMENT AVEZ-VOUS DEBUTÉ VOTRE ACTIVITE CACAO?

DR. SANH - Il y a trente ans, alors que j'étais professeur d'horticulture à l'université Maejo, à Chiang Mai, j'ai commencé à travailler sur le café, le thé et le cacao. Je suis rapidement arrivé à la conclusion que le cacao avait un grand potentiel en Thaïlande et j'ai démarré avec mon épouse, un projet de recherche ayant pour but d'améliorer la culture du cacao et de la répandre partout en Thaïlande. Il y a environ vingt ans, dans le cadre d'un programme d'échange avec l'Université américaine du Kansas - American University of Wichita - nous avons accueilli un professeur qui nous a apporté des graines de cacao du Pérou. Je les ai croisées avec des graines venues des Philippines pour former un nouvel hybride que j'ai baptisé I.M.1, en utilisant les initiales de mes enfants, Iran et Mark. J'ai enregistré et breveté la variété I.M.1 qui est exclusivement produite par *MarkRin*. Elle est faite de *Criollo* et ICS péruvien et de Forastero philippin et nous sommes les seuls à la cultiver.

Vers 2006, parce que j'ai réussi cette gageure de créer un hybride, j'ai décidé de cultiver le cacao moi-même afin d'avoir l'expérience complète pour mes étudiants. A l'époque nous étions le premier et en fait le seul planteur de cacao à Chiang Mai. Maintenant nous avons des accords avec des paysans par lesquels nous fournissons les graines et nous nous engageons à acheter leur récolte afin de produire notre chocolat et des produits semi-finis comme de la liqueur de cacao et du beurre de cacao.

LA PROMOTION DE LA VARTETE I.M.1

Le I.M.1 est très productif, en partie parce que la fleur possède les organes mâles et femelles plus proches les uns des autres que d'autres variétés. Cela augmente grandement l'autopollinisation par rapport aux autres cacaos, ce qui résulte en un pourcentage très élevé de fleurs produisant une cabosse.

COMMENT VOUS ETES-VOUS DEVELOPPÉ?

DR. SANH. - En 2008 mon épouse et moi avons créé *MarkRin Chocolate* pour tester et vendre le chocolat élaboré avec des fèves I.M.1. Au tout début nous utilisions un simple mortier et un pilon, puis nous avons acheté des machines spécialisées. Nous avons conçu un plan de promotion de nos fèves qui sont actuellement principalement cultivées comme récolte unique dans la région de Chiang Mai et parfois mixées à d'autres cultures. En Thaïlande le cacao est le plus souvent planté avec du ramboutan, bambou, hévéas ou litchis. Dans ces cas-là l'usage de produits chimiques pour ces cultures empêche le cacao d'être « bio ».

Nous nous autofinançons à cent pour cent, donc nous avançons pas à pas, à un rythme que nous pouvons supporter. Nous avons de nombreux projets pour développer la culture du I.M.1 et la production de chocolat.

MME. SANH DANS LE LABORATOIRE

QUELLE EST VOTRE SITUATION ACTUELLE?

DR. SANH. - Nous avons maintenant cinq mille cacaoyers I.M.1 dans tout le pays. Il est intéressant de constater que bien que les agriculteurs utilisent la même fèves I.M.1, les saveurs des chocolats faits à partir de cacao de différentes régions diffèrent et produisent des arômes et des sensations distincts. Le chocolat est clairement plus fruité avec des graines venant du sud de la Thaïlande et plus tourbé avec ceux du nord. C'est l'impact du terroir!

Nous élaborons maintenant une grande quantité de chocolat et sommes en train de planifier d'autres ateliers de production, d'abord à Chiang Mai et si possible un autre dans le sud à plus long terme.

QUELLE EST VOTRE APPROCHE DES CERTIFICATIONS?

DR. SANH: NOUS comprenons tout à fait le besoin des certifications et nous souhaitons en obtenir plusieurs qui nous paraissent essentielles. Premièrement, la certification « bio » (organique) du Ministère américain de l'agriculture - *USDA Organic* - Nous sommes à la fin du long et complet processus de certification et normalement *MarkRin Farms* et *MarkRin Chocolate* devraient être certifiées *USDA Organic* dans les tous prochains mois. L'étape suivante consistera à travailler avec les agriculteurs pour les aider à maintenir la classification. Par la suite nous chercherons à obtenir la Certification Utz. Contrairement à l'Afrique de l'Ouest et à certaines parties de l'Amérique du Sud, il n'y a pas d'enfants travaillant dans les plantations. Mais tout n'est pas parfait pour autant, car le faible revenu des paysans et des activités rurales en général créent des conditions de vie qui ne sont pas durables. Nous espérons que la certification Utz aidera sur ce plan.

CABOSSES DE CACO DE TYPE IM1

ARGENT

DR. SANH. - En ce qui concerne *MarkRin Farms* et *MarkRin Chocolate*, nous sommes tout-à-fait rentables et nous finançons notre développement. Concernant les agriculteurs avec lesquels nous travaillons, nous considérons que leurs revenus ne sont pas satisfaisants à cause de la pression sur le prix aux dépens de la qualité. Comme notre I.M.1 est très productif, jusqu'à cinq tonnes à l'hectare et avec une faible acidité et un pourcentage de beurre de cacao élevé, les planteurs obtiennent un meilleur prix qu'avec le Chuprun. D'une manière générale en Thaïlande les rendements sont excellents grâce à une bonne taille des arbres et une excellente attention portée aux plantations.

En tant que *MarkRin Chocolate*, nous élaborons des chocolats « sur-mesure » pour les clients de nos agriculteurs, ce qui leur génère un revenu complémentaire. Les changements sont axés sur le protocole de fermentation qui nous permet de composer des arômes différents

AUTRES SUJETS

DR. SANH. - Enfin, nous encourageons fortement les paysans à développer des projets d'éco-tourisme dans lesquels les visiteurs paient pour apprendre comment le cacao est cultivé et le chocolat fabriqué. Lors de leur visite, les touristes consomment bien évidement du chocolat et achètent des produits de la ferme dont du chocolat.

Cela ne fait que cinq à sept ans que le gouvernement thaïlandais s'investit dans la création d'une filière cacao et les planteurs actuels sont tous nouveaux. Leur nombre ne cesse d'augmenter parce qu'ils tirent un bon revenu du cacao et en faisant des cultures mixtes, ils peuvent se lancer graduellement tout en maintenant leurs produits traditionnels. Ceci leur permet de conserver leurs ressources tout en apprenant le cacao.

Je pense qu'éventuellement et dans un futur proche, la Thaïlande va devenir membre du ICCO. Ce pays a tous les atouts pour produire de grandes quantités de cacao aromatique de qualité: des sols et une météorologie adéquate, une main d'œuvre éduquée, une très bonne infrastructure de transport, un marché local en expansion et de grands marchés export tout proches. Je prédis donc un futur brillant pour le cacao thaïlandais!!

Zorzal Cacao

CHARLES KERCHNER, RESERVA ZORZAL – REPUBIQUE DOMINICAINE

CONTEXTE

DÉCOUVERTE PAR CHRISTOPHE Colomb en 1492, l'île alors baptisée « Hispaniola », est maintenant partagée entre Haïti et la République Dominicaine. Le cacao y a été implanté par les Espagnols environ un siècle plus tard à l'aide de fèves de type Criollo provenant du Mexique. La canne à sucre, qui avait été introduite de nombreuses années avant cela, constitue depuis bien longtemps le premier produit agricole d'exportation du pays.

Une grande personnalité du monde du chocolat des Caraïbes, Pedro Cortez, a construit en République Dominicaine des installations de production de chocolat de grande ampleur en 1929. Au début de la dictature de Rafaela Trujillo il a relocalisée son activité à Puerto-Rico où elle domine le marché. Cependant, étant donné le coût actuel élevé de la main-d'œuvre dans le territoire américain, Cortez importe la quasi-totalité de ses fèves de République Dominicaine où la production de cacao est maintenant proche de soixante-dix mille tonnes (2018) dont environ un tiers est fermenté et donc appelé « Hispaniola » et le reste sous la dénomination « Sanchez ».

Depuis quelques années le gouvernement a décidé de faire du cacao un instrument-clé pour le développement des communautés rurales et consacre un budget significatif pour atteindre son objectif de tripler la récolte d'ici à 2050, et ceci sans avoir recours à l'hybride redouté, le CCN-51. Le « Plan d'Action National » concerne principalement les gros exploitants traditionnels vendant des fèves de « commodité » aux grands acheteurs internationaux comme Mondelez ou Mars. Mais il inclut également des interventions en faveur du nombre croissant d'agriculteurs engagés dans la culture biologique et agro-forestière de variétés traditionnelles de qualité introduite il y a des siècles du Vénézuela ou d'Amérique Centrale. La République Dominicaine déclare être le plus gros producteur de cacao organique/biologique du monde. Cependant il est difficile d'obtenir des chiffres et les estimations vont de cinq à dix mille tonnes (2017). Un tout petit nombre de fabricants de chocolat locaux transforment environ 6 % de la récolte nationale en chocolat vendu localement aux touristes et aux Dominicains.

Grâce à sa grande biodiversité et sa relative facilité d'accès, la République Dominicaine est devenue très attractive pour le développement de nouvelles plantations, dédiées à la culture biologique en développement durable de fèves aromatiques de qualité.

Étant la première réserve privée sur l'île, « Zorzal » est un exemple parfait de cette nouvelle génération de planteurs.

DES OISEAUX AUX CABOSSES

COMMENT AVEZ-VOUS DEBUTÉ VOTRE ACTIVITE CACAO?

CHARLES K. - En 2001 je suis venu dans la ville de Nagua, sur la côte atlantique en tant que volontaire des « Peace Corp » *(ndlr: une organisation fondée par le Président Kennedy permettant à de jeunes Américains d'aller aider à l'étranger durant deux ans)* pour travailler sur des projets agro-forestiers. Après mon temps dans l'île j'ai suivi un programme de maîtrise universitaire, puis un doctorat. Ma thèse, publiée en 2012, portait sur la conservation des oiseaux migrateur en Amérique du Nord. J'ai pris conscience que ces animaux et en particulier la grive chanteuse, étaient en train de perdre complètement leur habitat d'hiver dans les Caraïbes, à cause de l'urbanisation galopante et de l'usage intensif de produits chimiques dans les cultures.

Afin de leur procurer un sanctuaire, j'ai décidé de leur créer une réserve où ils pourraient trouver l'environnement vierge dont ils ont besoin. Comme la République Dominicaine est une destination essentielle pour les migrations d'oiseaux et aussi compte tenu de ma connaissance de l'île, « Hispaniola » était un choix évident pour moi.

Le gouvernement dominicain venait de voter une loi autorisant la création de réserves privées, donc en 2014, avec l'aide et les ressources de la famille Moreno et d'une Fondation New-Yorkaise nous avons constitué la première réserve naturelle privée dans le pays sur 450 hectares. Nous l'avons appelé « Zorzal » car c'est le nom de la grive chanteuse en Espagnol. Afin de pérenniser le programme de protection des oiseaux sur le long terme nous avions besoin de revenus stables. Pour cela nous avons décidé de cultiver du cacao biologique en modèle agro-forestier, comme je l'avais étudié.

PANNEAU INDIQUANT LA DIRECTIION DE LA RESERVE ZORZAL, PRES DE SAN FRANCISCO DE MACORIS

COMMENT VOUS-ETES-VOUS DEVELOPPÉ?

CHARLES K. - Une partie des terres avait été jusqu'à récemment utilisée pour l'élevage. Le travail de création d'un territoire homogène a donc été graduel. Afin d'appliquer à la lettre les principes agro-forestiers, nous avons reboisé avec une grande variété d'arbres et de fruits tel que des manguiers, des grenadiers, des ananas et même du café. Avec le temps, les fermiers des alentours se sont intéressés à ce que nous faisions. Maintenant, nous surveillons les oiseaux sur leurs terres et leur donnons des graines de cacao ainsi que des conseils. Nous achetons également leur récolte et la vendons séparément de la nôtre sous la marque « Zorzal Community »

Le gouvernement dominicain a mis en place un plan d'aide au développement de la culture du cacao dans l'île et a désigné mille trois cent hectares où nous pourrions éventuellement nous étendre. Mais nous avons une démarche de qualité pas de croissance et d'expansion.

QUELLE EST VOTRE SITUATION ACTUELLE?

CHARLES K. - Nous produisons environ une centaine de tonnes de fèves fermentées et séchées avec une équipe de sept personnes, qui augmente grandement durant les périodes de récolte importante. Notre objectif à cinq ans est d'atteindre deux cent tonnes. A ce stade nous serons assez grand. Mais cela ne va pas être facile. Nos terrains sont relativement difficile d'accès ; dans certaines zones nous utilisons des ânes pour collecter les cabosses vers le centre de traitement. Par ailleurs, les effets du réchauffement climatique se font sentir chaque année un peu plus. Nous avons clairement des saisons sèches plus arides et les saisons de pluies font tomber plus d'eau qu'auparavant. Jusqu'à présent, nous n'avons pas eu de maladies importantes sur les cacaoyers, seulement quelques cas de pourriture brune (Black Pod) que nous avons pu rapidement traiter.

Nous nous considérons comme des scientifiques avec une mission, pas des chocolatiers de génie ou des révolutionnaires. Nous ne sommes pas là pour changer le monde mais pour rendre les gens heureux en utilisant des techniques qui améliorent leur vie et leur environnement.

PLAN DE GESTION DE LA RESERVE PRIVÉE « EL ZORZAL »

OBJECTIFS STRATÉGIQUES

- Protéger la forêt humide et l'intégrité de son territoire, ainsi que promouvoir des activités compatibles avec le but exclusif de restauration et conservation écologique.
- Atteindre des niveaux de production acceptables, d'un point de vue économique et écologique, dans les zones désignées pour l'agriculture durable
- Réaliser des niveaux de revenus complémentaires satisfaisants de la part des activités de services écologiques et autres mécanismes de revenus alternatifs
- Générer un climat harmonieux de coopération entre la réserve et les communautés locales

C'est pourquoi nous sommes en permanence à la recherche d'améliorations du processus de fermentation, du séchage et de chaque aspect de la culture du cacao. Nous passons également beaucoup de temps à surveiller les oiseaux et à leur fournir la nourriture et la protection nécessaires, surtout durant les mois d'hiver quand ils sont les plus nombreux.

QUELLE EST VOTRE APPROCHE DES CERTIFICATIONS?

CHARLES K. - Je pense qu'elles sont globalement une bonne chose. Par exemple Fairtrade, en imposant un prix minimum d'achat des fèves va dans la bonne direction. Et évidemment, il est bon pour tout le monde que la culture biologique soit reconnue. Pour notre plantations Zorzal nous avons uniquement la certification USDA Organic parce que certains de nos clients l'ont demandée car elle est indispensable pour vendre leur chocolat chez le distributeur « Wholes Foods » qui est de loin le leader de la distribution alimentaire de qualité aux USA *(ndlr: racheté par le Géant du Net « Amazon » à l'été 2017 pour 13,7 Md US$).*

La durabilité, à la fois sociale et économique, est une raison d'être essentielle pour Zorzal et nous apprécions le travail et la contribution faits par des organismes comme Utz et « The Rain Forest Alliance ». Mais nos clients nous connaissent, ils nous visitent fréquemment, nous avons une politique de transparence totale qui leur permet de savoir exactement comment nous travaillons. Pour cette raison, nous ne recherchons pas d'autres certifications car nos clients ne nous en demandent pas.

ARGENT

CHARLES. K - Grâce aux ventes de cacao, les comptes de la réserve sont équilibrés et lui permettent de poursuivre sa mission envers les oiseaux. D'après nos statuts, nous ne pouvons exploiter qu'un tiers des terres dont nous avons le contrôle à des fins autres que la protection aviaire. Les soixante-dix pour cent restant sont une réserve à proprement parlé. Les recettes du cacao nous permettent de payer le personnel de la réserve et celui dédié au cacao et aussi les diverses installations que nous avons sur place et à San Francisco de Macoris où nous avons un hangar de stockage.

AUTRES SUJETS

CHARLES K - Je suis très content de voir la croissance de la demande pour du cacao de qualité comme le nôtre. Mais il demeure une fraction infime de la production mondiale. La plupart des variétés de cacao cultivées dans les Caraïbes sont de grande qualité aromatique mais la plupart ne sont pas vendus en tant que cacao de qualité mais au prix « commodité ». Pourquoi? Parce que l'écrasante majorité des fabricants de chocolat n'est pas intéressée par les arômes et n'est pas disposée à payer pour la qualité.

Donc je pense qu'il y a un énorme besoin d'éducation et d'information pour que le consommateur final prenne conscience de la différence entre le chocolat de commodité et le chocolat de spécialité et qu'il soit disposé à payer le prix pour savourer cette différence.

LES NOUVEAUX « CHOCOLATIERS »

DANS LES PAYS de culture du cacao aussi bien que dans les régions de production traditionnelle du chocolat, des petits chocolatiers spécialisés sur la qualité voient le jour. Grâce à l'apparition de nouveaux équipements, plus petits et plus accessibles et en partageant leurs connaissances chocolatières sur les réseaux sociaux, ces artisans utilisent des fèves de qualité et recherchent une relation et coopération proche avec les fournisseurs de leur cacao.

Le lien entre Monica, gérant « Carlota Chocolate » à Giron dans la province de Santander de la Colombie (450 km au Nord-Est de Bogota), et Ben Rasmusen, qui produit des tablettes envoûtantes dans sa maison de Woodbridge près de Washington D.C. ou Mr. Ho, construisant ses tablettes aromatiques dans son laboratoire à l'arrière de son restaurant Végane à Chiang Mai (Thaïlande), est une obsession pour les arômes, un sentiment de responsabilité sociale envers les planteurs et une créativité sans limite pour provoquer de meilleures sensations chocolatées sans abîmer la terre et ses habitants.

Ensemble, ils forment la première ligne du changement vers un chocolat de qualité véritablement durable.

6 Portraits de nouveaux chocolatiers « Bean to Bar »

MAXIME SIMARD, QANTU – MONTRÉAL, CANADA

CONTEXTE

DANS LA PROVINCE de Québec et à Montréal en particulier, le chocolatier « Bean to Bar » *Qantu* vit dans un marché plutôt limité et sans référentiel chocolat local. Au milieu des années quatre-vingt-dix, le géant Belgo-Franco-Suisse « *Barry Callebaut* » a ouvert une énorme usine á une soixantaine de kilomètres à l'est de Montréal et ses confections chocolatées, très sucrées sont la seule référence pour une grande part de la population. En fait, cette usine est si énorme qu'elle alimente de nombreux marchés export au-delà du Québec et que le chocolat est le deuxième produit alimentaire exporté de la province juste après le cochon!

Les passionnés de chocolat à Montréal et au Québec sont donc plus habitués au chocolat sucré qu'au chocolat noir de qualité. Cette situation pousse la demi-douzaine de chocolatiers « Bean to Bar » à développer beaucoup d'activées d'éducation sur les arômes, les senteurs et les innombrables nuances perceptibles dans le chocolat artisanal utilisant des fèves de qualité. Maintenant reconnu internationalement, *Qantu* possède les compétences et le dynamisme nécessaires pour les attirer les épicuriens vers sa production locale de tablettes artisanales faîtes avec des fèves aromatiques de grande qualité.

Dans la province le paysage commercial évolue rapidement grâce au dynamisme légendaire des Québécois. De nombreux fanatiques de chocolat peuvent maintenant acheter et déguster des chocolats de qualité importés á Montréal depuis les USA ou l'Europe.

COMMENT AVEZ-VOUS DEBUTÉ DANS LE CHOCOLAT?

MAXIME S. - J'ai rencontré mon épouse et partenaire dans le chocolat, Elfi, il y a une douzaine d'années lors d'un voyage à Machu Picchu. Notre idée de monter un business ensemble remonte à très longtemps, lorsqu'elle faisait des études d'ingénieur pendant que j'étudiais l'informatique. Parce qu'Elfi est péruvienne et que le café est le premier export agricole de ce pays, nous avons d'abord étudié les opportunités dans le café au Québec. Nous avons rapidement réalisé qu'il y avait déjà plus d'une quinzaine de torréfacteurs à Montréal et que le marché était saturé. Simultanément, nous avons remarqué la naissance du phénomène du « Bean to Bar » - de la fève à la tablette - et plus généralement l'évolution du marché du chocolat. Cela a ouvert notre esprit et notre palais aux arômes du chocolat. Après avoir terminé mon diplôme de MBA en 2016, nous avons fait un voyage en Asie durant lequel nous avons visité le maintenant célèbre, chocolatier « Marou » au Vietnam. Cela nous a convaincu de nous lancer dans le chocolat et nous avons décidé d'étudier davantage le cacao et surtout d'essayer de faire notre propre chocolat. Notre première tentative avec deux kilos de CCN-51 n'étais pas du tout à la hauteur de notre but mais nous avons persévéré avec des fèves d'Équateur achetées à Toronto. Cette fois-là le chocolat était plutôt très bon mais les senteurs étaient quelque peu trop classiques pour nous, qui voulions produire un chocolat exceptionnel. A ce stade, Elfi a eu l'opportunité d'aller au premier salon du chocolat à Lima ou elle a pu rencontrer de nombreux producteurs de cacao ainsi que des fabricants de chocolat tout jeunes. Parce que les variétés de cacao péruviennes sont de renommée mondiale et bien sûr grâce à nos liens familiaux avec le Pérou, nous avons décidé de nous concentrer sur ce pays. Nos premières tablettes étaient faites avec des fèves provenant de la région d'Ayacucho et de Piura, toutes deux dans l'Amazonie péruvienne. Nous avons officiellement démarré l'entreprise en Février 2017 et avons choisi le nom de « Qantu » parce c'est un symbole d'unité et d'hospitalité dans la région amazonienne et aussi parce que c'est la fleur nationale du Pérou et de la Bolivie. Nous avons rapidement envoyé des échantillons à l'*Academy of Chocolate Awards* (ACA) à Londres de manière à avoir un jugement objectif de notre production. Nous avons été fou de joie de recevoir deux prix à cette première tentative. Cela nous a immédiatement propulsé sur le devant de la scène des « Bean to Bar » et nous avons reçu des commandes de tout le Canada, mais aussi de France et d'autres États Européens.

LA FLEUR QANTU - PHOTO BY BLUMENBIENE ON FOTER.COM / CC BY

QUELLE EST VOTRE SITUATION ACTUELLE?

MAXIME. S - Après à peine deux ans nous produisons près de quatre tonnes de chocolat (sur une base annuelle) et nous continuons à gagner des prix. Financièrement, nous sommes bien au-delà du point d'équilibre et sommes impatients de nous développer dans de nouveaux locaux, si tout va bien durant les douze mois à venir. Nous avons maintenant un employé à plein temps et nous recrutons des saisonniers pour les périodes de pointe, essentiellement pour assurer le packaging. Qantu est notre « bébé » et nous cherchons tout le temps un moyen de l'améliorer. L'automatisation de certaines tâches est envisagée mais nous devons rester prudents.

Il y a maintenant de nombreux chocolatiers « Bean to Bar » et nous utilisons tous à peu près les mêmes machines - un moulin à pierre du fabricant américain « *Cocoatown* » ou indien « *Santa* », une tempéreuse en continu italienne, le plus souvent de marque « *Selmi* » et une vanneuse fabriquée par nous selon les mêmes plans récupérés sur Internet. Ce qui nous différencie nous et nous met vraiment à part est notre relation unique et profonde avec les planteurs au Pérou. Nous n'achetons pas à travers un négociant/broker ou un importateur. Nous visitons d'abord les fermes, nous regardons comment les paysans vivent. Comment ils prennent soin de leurs arbres etc.... Nous donnons des conseils quant au protocole de fermentation et au final nous vérifions chaque sac - oui, chaque sac. Nous portons attention à chaque facteur, par exemple, nous essayons de ne pas acheter juste après la saison des pluies car nous avons remarqués que les fèves ont alors tendance à avoir un taux d'humidité plus élevé etc... Avec notre plus grosse capacité d'achat, nous pouvons maintenant acheter un petit container d'un seul coup. Le transport est rapide et en général nous recevons la marchandise en moins d'un mois. Nous devons à nouveau vérifier chaque sac et légèrement adapter notre procédé de fabrication en conséquence.

LES MOULES DE QANTU

QUELS SONT VOS PRINCIPAUX FREINS OU OBSTACLES?

MAXIME S. - Nous avons des installations et des équipements assez limités et donc par moments la production fait face à un goulot d'étranglement. C'est pourquoi nous recherchons de nouveaux locaux. A notre haut niveau de qualité cela prend beaucoup de temps, d'attention et d'efforts pour produire du chocolat, donc nous nous concentrons sur la production pour répondre à la demande.

Jusqu'à présent le sourcing des fèves n'est pas un problème. Comme expliqué plus haut, nous avons des relations de terrain uniques qui nous permettent d'obtenir des variétés exceptionnelles qui développent des sensations chocolatées incomparables. De la manière dont nous achetons en direct, nous sommes confiants que nous allons continuer à pouvoir obtenir des fèves incroyables. Cette approche d'achat direct garantie également que les cinq ou six Dollars US que nous payons par kilo de fèves aboutissent bien dans la poche des paysans et ne sont pas disséminés entre de multiples intermédiaires le long du chemin. C'est une garantie supplémentaire d'engagement éthique envers les agriculteurs.

Notre objectif est d'apporter plus de produits chocolatés uniques et de très haute qualité sur le marché. Je suis convaincu qu'il existe une grande demande insatisfaite pour du bon chocolat, à huit ou même douze dollars canadien la tablette.

UTILISATION D'UNE « GUILLOTINE « POUR VERIFIER LA QUALITÉ PAR UN CUT-TEST

QUELLE EST VOTRE APPROCHE DES CERTIFICATIONS ET DES MEDAILLES?

MAXIME S. - Nous n'utilisons que des fèves de cacao cultivées « bio » ou « organique », et nous le savons parce que nous avons vu les arbres, les champs et les gens qui les cultivent. C'est une sorte d'auto-certification. Mais nous ne sommes pas obnubilés par le label de certification. Il représente une dépense bien trop élevée pour les petits paysans avec lesquels nous traitons. De plus, ils n'aiment pas plus les produits chimiques que nous, parce que la plupart habitent au sein même de la plantation.

Concernant FairTrade, ce n'est pas applicable pour nous. Cela semble être plus une aide pour les gros distributeurs que pour les petits planteurs. Au Pérou, le grave problème des jeunes générations qui quittent les champs pour un revenu quotidien d'une centaine de « soles » (environ 10 Euros) comme chauffeur de taxi à Lima, ne sera pas résolu par une augmentation de 10 % des salaires des paysans. Même lorsque la Certification FairTrade aboutie à une hausse de 10 % du prix du cacao, c'est négligeable. Ce que nous payons est le double et parfois le triple de ce que paient les grosses entreprises. Cela a un vrai impact.

Pour ce qui est des compétitions et des médailles, nous serions bien ingrats de ne pas les valoriser. Je suis convaincu que nous n'aurions pas eu le démarrage rapide que nous avons connu sans la reconnaissance apportée par l'*Academy of Chocolate Awards* (ACA) que nous avons gagnée dès le lancement. Nous continuons à participer et avons continué à gagner des prix, notamment le *Golden Bean Award* de l'ACA en 2018. Nous aimons le processus et les efforts nécessaires car c'est un peu un test de qualification pour nous. Ayant dit cela, nous ne sommes pas obsédés par les médailles. Nous ne créons pas une tablette juste pour satisfaire le panel.

RECEVANT LES PRIX
DE L'ACADEMY OF CHOCOLATE

ARGENT

MAXIME S. - Comme indiqué plus haut nous avons depuis longtemps passé le seuil d'équilibre et autofinançons notre expansion dans de nouveaux locaux et l'achat d'équipement.

AUTRES SUJETS

MAXIME S. - Nous croyons que le développement actuel du « Bean to Bar » et du chocolat de qualité va se poursuivre durant de nombreuses années, et nous pensons que la part des recettes revenant aux exploitants agricoles doit augmenter également. Le nombre croissant de gens disposés à payer dix Dollars canadiens ou plus pour une tablette de bon chocolat prouve qu'il existe bien une demande pour la qualité plutôt que la quantité. Cette tendance semble prête à durer encore un certain temps. Mais si les familles et les communautés où les fèves de qualité sont cultivées n'augmentent pas de manière drastique le retour qu'elles tirent de leur travail, il n'y aura personne pour remplacer les paysans vieillissants qui partent à la retraite. Et dans dix ou quinze ans il n'y aura plus de cacao.

Notre relation intime directe avec les communautés agricoles péruviennes nous apporte cette compréhension et cette vision claire de la situation. Les changements vers une revalorisation du travail des paysans doivent se produire rapidement et bénéficier à toutes les parties impliquées, notamment les fabricants de chocolat de qualité. Admettons qu'il y ait environ mille artisans chocolatiers « Bean to Bar » et que chacun achète approximativement dix tonnes par an. Avec ces dix mille tonnes on pourrait maintenir un grand nombre de paysans contents de demeurer dans leur communauté!

J'AI TROUVE LA CABOSSE PARFAITE!!

MONICA LILIANA GOMEZ – SANTANDER, COLOMBIA

CONTEXTE

AU DÉBUT DES années 2010, alors que le paysage politique colombien était en train d'avancer vers un accord national qui apporterait la paix dans l'ensemble du pays après trois décennies d'instabilité interne, un vent d'optimisme soufflait sur le pays.

A cette époque Monica Liliana Gomez était à la tête de « Mariana Cocoa Export » et avec l'aide de ses trois sœurs elles décident de lancer « Carlota chocolate » devenant ainsi les « trois mousquetaires du chocolat colombien »

« Carlota Chocolate » exporte maintenant vers tous les principaux marchés mondiaux, promouvant ainsi les meilleures fèves de cacao colombien transformées en tablettes primées.

COMMENT AVEZ-VOUS DEBUTÉ DANS LE CHOCOLAT?

MONICA L. - En 2013, mes trois sœurs et moi étions déjà très engagées dans le cacao colombien car avec « Mariana Cocoa Export » nous repérions, exportions et promouvions l'origine « Cacao de Colombie » dans le monde.

Nous avons décidé de monter la chaîne de valeurs et avons commencé à produire notre propre chocolat pour capitaliser sur le travail que nous réalisions déjà avec les fèves de cacao.

Nous avons baptisé l'activité « Carlota » en référence à notre nièce et pour nous rappeler en permanence que nous travaillons pour les générations futures. « Carlota Chocolate » a produit ses premières tablettes commerciales dans la province de Santander en 2013. Nous avons d'abord acheté un petit moulin à pierre Santha, par la suite un plus gros de chez Cocoatown et une tempéreuse ainsi que quelques autres équipements et avons débuté petit, mais toujours avec la qualité comme objectif. La réponse commerciale a été immédiate et très positive ce qui nous a poussé à aller de l'avant.

LES SŒURS FONDATRICES

QUELLE EST VOTRE SITUATION ACTUELLE?

MONICA L. - Je pense que nous avons maintenant établi notre personnalité en tant que producteur de chocolat de qualité ou aromatique. Tout comme l'activité d'exportation, « Carlota Chocolate » est centrée sur la qualité et pour le chocolat cela veut dire les arômes et les variétés. Donc nous produisons quatre origines régionales provenant de quatre différentes provinces colombiennes et nous exportons nos tablettes en Europe, au Canada et au-delà.

Nous avons maintenant une petite équipe, mais extrêmement experte, entièrement dédiée à la fabrication du chocolat qui est d'environ une tonne mensuelle. L'équipe est capable d'exploiter l'essence et les arômes de toutes les différentes fèves de cacao que nous découvrons en permanence dans toutes les régions de la Colombie. La coopération et relation entre Mariana Cocoa Export et Carlota chocolate fonctionne pleinement et nous permet à la fois de trouver les meilleures fèves du marché et aussi d'aider les agriculteurs surtout en ce qui concerne le traitement post-récolte (fermentation) pour obtenir le meilleur de leurs cabosses. Cette collaboration efficace est unique au monde, enfin en tout cas dans notre région. Former la communauté du cacao fait partie de notre mission.

EXPÉRIMENTER ET TESTER

QUELLE EST VOTRE APPROCHE DES CERTIFICATIONS ET DES MEDAILLES?

MONICA L. - Je considère les certifications comme une chose utile pour nous parce que nous visons des marchés export qui ne nous parleraient même pas si nous n'étions pas certifiés Organique, Faire Trade ou autre. Nous achetons nos fèves auprès d'agriculteurs certifiés. Et lorsque nous trouvons le cacao d'un planteur intéressant, s'il n'est pas certifié nous travaillons avec lui pour qu'il obtienne la certification et que nous puissions lui acheter sa production.

Les médailles sont un autre sujet. La Colombie étant une origine de cacao peu connue au niveau international, il est important pour nous d'être reconnu dans les pays où nous voulons vendre. Une médaille valide et confirme notre déclaration de qualité ce qui rassure l'acheteur potentiel à l'international. Au cours des ans, nous avons reçu des médailles de plusieurs organisations telle que la « International Chocolate Awards »

D'un point de vue personnel, le processus des compétitions et médailles nous pousse à toujours être au mieux de nos capacités et de suivre une discipline de production stricte.

LES QUATRE ORIGINES ACTUELLES DE « CARLOTA CHOCOLATE »

ARGENT

MONICA L. - Nous sommes actuellement rentable à notre niveau de production actuel. Mais nous sommes tout le temps en cours d'amélioration et d'augmentation de la production, en ajoutant de nouvelles origines colombiennes. Notre relation proche avec Mariana Cocoa Export crée un cycle vertueux merveilleux nous permettant de trouver de nouvelles sources de cacao, de nouveaux agriculteurs etc.... car les deux activités s'alimentent l'une l'autre.

AUTRES SUJETS

MONICA L. - Je suis très optimiste pour le cacao colombien mais aussi évidement pour Carlota Chocolate. La Colombie a entamé une nouvelle phase dans son développement politique et on peut déjà en voir les fruits, même si l'on doit s'attendre à quelques soubresauts sur le chemin. Grâce à un environnement politique stable, les fermiers peuvent maintenant accéder et travailler dans des zones qui étaient auparavant inaccessibles. Le climat et les conditions géologiques dans de nombreuses régions de la Colombie sont idéales pour la culture du cacao. Par ailleurs, la Colombie est une origine cacao relativement peu connue au niveau international, et donc va bénéficier d'un effet de nouveauté et de rareté qui l'aideront à s'étendre sur les marchés mondiaux. Je peux facilement imaginer dans un futur pas si lointain que Carlota Chocolate devienne un chocolatier majeur en Amérique du Sud comme « Pacari » ou « Republica del Cacao » le sont en Équateur.

TOUJOURS À PROMOUVOIR LA COLOMBIE

ANTOINE MASHI –
ENCUENTRO – PARIS

CONTEXTE

A L'ORIGINE BASÉE aux abords de Paris (L'entreprise s'est installée dans la région Lilloise au milieu de l'année 2019), Chocolat Encuentro évolue dans l'un des plus vieux marchés du chocolat du monde. Au-delà de sa réputation pour la « haute cuisine » et ses délicieuses pâtisseries, la France a une longue histoire dans le chocolat. Les français considèrent que le fait que leur consommation de chocolat soit à peine les deux tiers de celle des plus gros mangeurs (UK, Irlande, Allemagne, Suisse) est une preuve qu'ils apprécient la qualité plutôt que la quantité et non pas un déficit d'amour pour le chocolat. Après tout, ils ont inventé la « Ganache »! Alors, que reste-t-il à prouver concernant le chocolat?

Le goût français va plutôt vers le chocolat noir avec de fortes sensations chocolatées que vers les tablettes sucrées et aromatisées. En pourcentage, les Français sont ceux qui consomment le plus de chocolat noir au monde.

Tout comme l'industrie du chocolat, le segment des chocolats aromatiques et de qualité est dominé par une poignée d'acteurs renommés et quasi-institutionnels, comme le plus ancien chocolatier à proposer des tablettes « Single Origine », Bonnat, le chocolatier décoré « François Pralus » ou encore « La Maison du Chocolat » fondée en 1977.

Élaborer du chocolat sans avoir un diplôme professionnel et sans avoir fait des apprentissages auprès de Maîtres chocolatiers de renom est considéré suspicieux. En France, le concept de « Bean to Bar » consistant à bousculer les règles et à ajuster le processus de fabrication n'est que toléré du bout des lèvres et à condition que le résultat soit absolument extraordinaire. Le chocolat est un plaisir sérieux qui ne doit pas être pris à la légère!

CANDICE ET ANTOINE
RECEVANT UN PRIX DE LA ICA

COMMENT AVEZ-VOUS DEBUTÉ DANS LE CHOCOLAT?

ANTOINE M. - Comme la plupart des gens j'ai toujours aimé le chocolat. En 2008, durant sa dernière année d'école d'ingénieur mon épouse Candice a choisi de faire un stage d'une année en République Dominicaine. Je l'y ai rapidement rejoint. Nous avons profité de cette expatriation pour visiter cette île magnifique et avons découvert le fruit et l'arbre cacao. Cela nous a fasciné!

De retour en France après un an, nous savions que nous voulions retourner là-bas et démarrer quelque chose. Finalement durant l'été 2012, nous avons tous les deux quitté nos jobs et sommes partis en République Dominicaine monter une usine de chocolat avec deux amis locaux. C'était le début de ce qu'on appelle le mouvement « Bean to Bar » (de la fève à la tablette) et il n'y avait pas autant d'informations disponibles qu'aujourd'hui. Basé à Punta Cana, dans le sud-est de l'île « d'Hispaniola », nous travaillions avec des coopératives locales produisant « bio » pour faire notre chocolat. Nous avions jusqu'à quatre cents visiteurs par jour dans notre atelier. Nous apprenions « sur le tas » et c'était exaltant! Cependant après un an, à cause de la mafia locale, nous avons été contraints d'abandonner notre usine et de rentrer à Paris. Depuis lors, nous n'avons plus eu aucun contact avec notre atelier ou l'équipe. Vivant à Paris, il nous a fallu quatre ans pour finalement décider de nous relancer dans un projet chocolat. Alors avec deux enfants nous voulions créer quelque chose dont nous puissions être fiers. C'est comme cela que « Chocolat Encuentro » a vu le jour en 2017. Nous voulions reprendre là ou notre précédente aventure c'était arrêtée et partager notre passion pour le fruit cacao et pour le chocolat. C'est pour cela que nous avons choisit le nom « encuentro ». Sans doute le meilleur mot pour expliquer notre approche et notre histoire.

QUELLE EST VOTRE SITUATION ACTUELLE?

ANTOINE M. - Nous étions jusqu'à il y a quelques mois en très proche banlieue parisienne et avec un peu plus de deux ans de fonctionnement, nous sommes encore très jeunes. Cependant nous avons déjà créé notre personnalité en termes de chocolat. Actuellement nos tablettes ne contiennent exclusivement que deux ingrédients, des fèves de cacao bio et du sucre bio, rien d'autre. Pas d'ajout de beurre de cacao ni d'émulsifiant. C'est parce que nous voulons être le plus proche possible du fruit, de la cabosse. Mais ce n'est pas si facile de faire du chocolat de cette manière car il faut adapter notre processus à chaque lot, à chaque sac de fèves de cacao que nous recevons. Aussi, parce que la proportion de gras - de beurre de cacao - varie légèrement d'une récolte à une autre et d'une région d'origine à une autre, il nous faut ajuster les réglages à chaque le nouveau lot. Nous achetons des fèves provenant de six pays - La République Dominicaine, Haïti, le Guatemala, Madagascar, la Bolivie et l'île de la Réunion. Nous recherchons des fèves ayant une personnalité et des arômes qui nous plaisent. Notre objectif n'est pas de couvrir tous les pays produisant du cacao mais d'élaborer des sensations hypnotisantes pour le palais.

Nous voulons créer une entreprise réellement durable et éthique basée sur la production de chocolat aromatique. Il est particulièrement important pour nous que nous connaissions et nous rencontrions les personnes qui cultivent le cacao que nous transformons. Nous voyons ainsi qu'il est produit selon les normes « bio » et dans un environnement durable. Par exemple, nos fèves d'Haïti sont produites par une entreprise locale récente appelée « Pisa » qui rétribue les paysans environ trois fois le prix qu'ils recevaient avant que Pisa construise un centre de fermentation pour les récoltes, ce qui valorise grandement le cacao. Compte tenu de nos quantités relativement faibles, nous passons parfois par l'intermédiaire de « brokers » ou courtiers qui ont les mêmes objectifs et la même éthique que les nôtres. Ils appliquent les critères qualitatifs stricts que nous exigeons.

LE MOULIN À PIERRE, LE COEUR DE NOTRE ORGANISATION

QUELS SONT VOS PRINCIPAUX FREINS ET OBSTACLES?

ANTOINE M. - Le sourcing des fèves n'est en fait pas une difficulté car maintenant nous sommes contactés par des producteurs de cacao souhaitant nous vendre leur récolte. Mais le sourcing est certainement l'aspect le plus intéressant de notre travail car il nous permet de rencontrer des gens et des projets extraordinaires. Grâce aux « courriers » internationaux, nous pouvons recevoir des échantillons ici à Paris en trois jours! La partie difficile est ensuite de tester, juger et sélectionner les fèves.

La découverte de nouvelles sensations chocolatées est quasiment enivrante! Mais cela nécessite de produire cinq ou parfois jusqu'à dix mini-lots pour trouver le profil de torréfaction et de conchage le plus adapté aux émotions gustatives idéales. Nous produisons des chocolats de qualité vraiment différents et uniques et la demande pour ce type de produit est actuellement en hausse.

Jusqu'à présent, le volet commercial est le plus challenging pour nous. Nous démarrons de zéro et sans expérience dans le secteur du chocolat en France. Malgré tout, nous bénéficions du vaste savoir que nos illustres prédécesseurs ont diffusé dans le marché et de la grande et croissante base de clients « éduqués » qu'ils ont créée.

Parce que nous devons adapter le processus d'élaboration quasiment pour chaque sac de fèves que nous recevons, la partie production est souvent délicate et usante. Nous devons couramment faire plusieurs tentatives avant de trouver la bonne manière et les bons réglages.

QUELLE EST VOTRE APPROCHE DES CERTIFICATIONS ET DES MEDAILLES?

ANTOINE M. - Cent pour cent de nos produits sont « bio » (organique). Nous n'utilisons que des fèves de cacao sauvages ou certifiées bio. Les fèves sauvages sont naturellement organiques. Nous sommes « bio » par conviction. La conviction que nous devons manger plus sainement et que si nous n'allons pas vers l'agriculture « bio » on laisse la porte ouverte à de nombreux compromis. Il est vrai qu'une grande part du cacao de qualité ou aromatique est organique, bien que sans certification pour une des deux raisons suivantes:

TOUTE LA FAMILLE PARTICIPE À LA RÉCOLTE

Le coût élevé du processus de Certification (*ndlr:* environ US$ 10.000 minimum) ou le fait que les fertilisants et pesticides chimiques sont trop cher pour les petits fermiers. Que devrions-nous faire pour que les ressources et les producteurs s'orientent vers la certification plutôt que l'usage des produits chimiques? Nous pensons qu'il est de notre devoir de montrer aux paysans qu'il existe un marché pour les produits naturels « bio » et plus sains et que ce marché rétribue correctement ces caractéristiques.

Concernant les compétitions et médailles, nous en avons plusieurs de la « *International Chocolate Awards* » et je pense qu'ils font un bon travail. La principale raison est que nous sommes petits, et notre production a besoin d'une forme de sceau de reconnaissance qui confirme le haut niveau de qualité de nos produits et justifie ainsi la différence de prix. De plus le marché français est très structuré et la culture locale récompense les institutions et les symboles. Beaucoup des chocolatiers connus sont des chefs pâtissiers et certains ont reçu le titre très respecté de « Meilleur Ouvrier de France » (MOF) durant une compétition annuelle où les artisans de tout le pays concourent dans leur catégorie.

L'ARGENT

ANTOINE M. - Nous souhaitons apporter de la transparence dans le monde du chocolat qui est encore relativement inconnu. Nous avons commencé par investir dans des équipements de haute qualité de manière à être capable d'exploiter au mieux chaque fruit.

Nous ne faisons exclusivement que des petits lots qui sont vendus dans une poignée de distributeurs en France. Nous sommes fixés sur la qualité et n'entrerons dans aucun compromis pour augmenter les volumes. Notre « secret » est que nous passons du temps, parfois énormément de temps pour produire le meilleur chocolat. La culture culinaire française et le marché du chocolat nous imposaient de positionner nos produits et notre marque au plus haut niveau de qualité possible.

AUTRES SUJETS

ANTOINE M. - « Chocolat Encuentro » existe pour nous satisfaire en tant qu'être humain responsable. Nous recherchons un épanouissement pas un chiffre d'affaire. Nous sélectionnons des origines de cacao parce que l'on aime leurs caractéristiques aromatiques et les gens qui leur donnent vie. Nous nous efforçons de créer des sensations chocolatées fantastiques pour eux. Être fidèle à une éthique globale de durabilité, avec les hommes à la source, est essentiel pour nous.

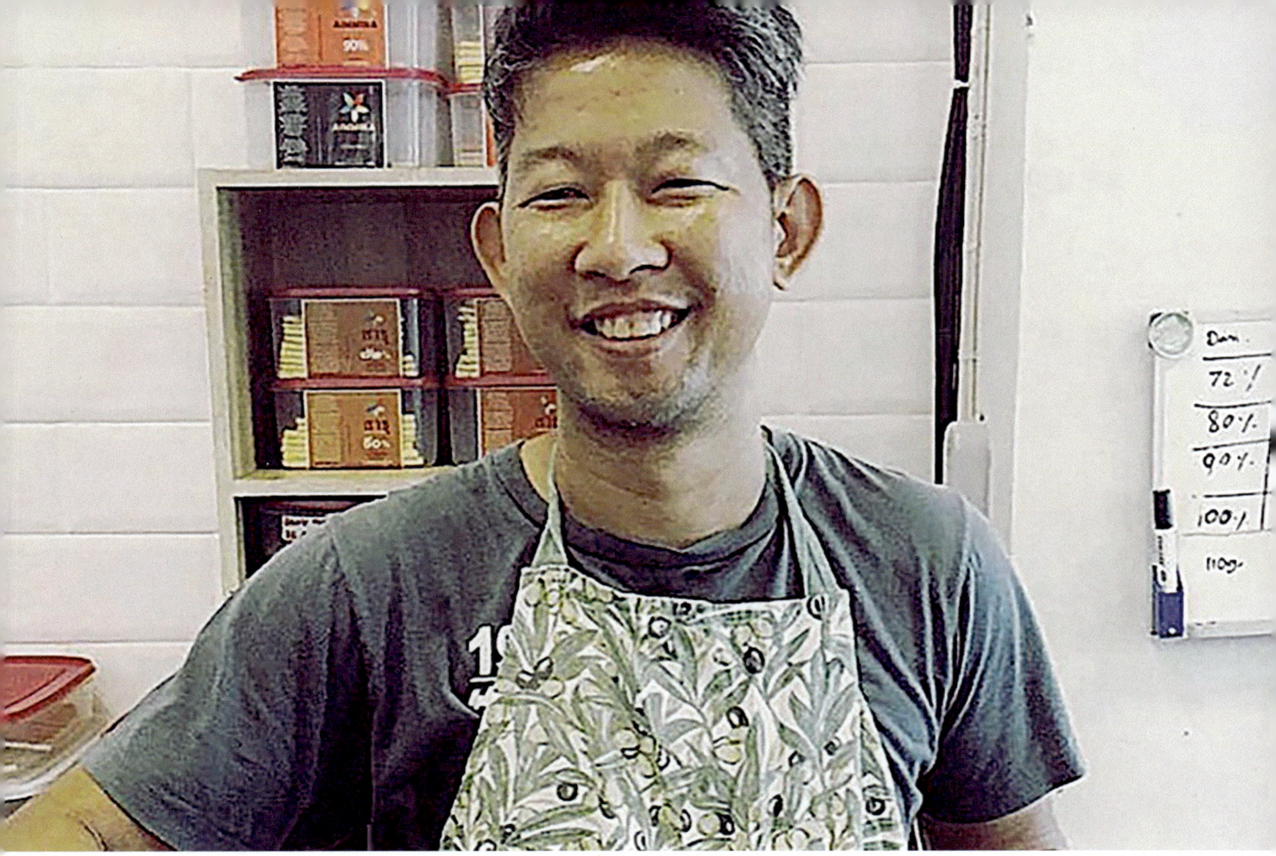

MR. HO – IMMIAM -
CHIANG MIA

CONTEXTE

LA PREMIÈRE RESSOURCE végétale de la Thaïlande est l'hévéa qui produit le latex utilisé pour les produits en caoutchouc. Néanmoins, le cacao a été introduit dans le pays il y a environ un siècle et quelques agriculteurs ont poursuivi sa culture. La production de cacao reste cependant très faible. Après une pointe de production à 1.500 tonnes en 2001, la récolte n'a fait que baisser jusqu'en 2013, année qui marque le retour en grâce du cacao auprès des planteurs. Depuis, le gouvernement a identifié le cacao comme une des priorités pour le développement rural du pays et la culture cacaoyère croît lentement. Cependant, les dernières estimations placent le produit au-dessous de 2.000 tonnes pour 2017.

La principale région de production est le Sud du pays, proche de la Malaisie et au Sud-est de Bangkok en direction du Vietnam. Dans le Nord, la région vallonnée autour de Chiang Mai a vu le cacao démarrer il y a environ sept ans et poursuivre son développement. Le climat étant là-bas plus contrasté avec des périodes sèches très arides et des cycles pluvieux très fournis, des variétés hybrides mieux adaptées ont été développées. D'abord le Chupurn, puis plus récemment le I-M-1 du laboratoire MarkRin Farms.

Le grand nombre de touristes aux ressources économiques élevées a poussé à la création d'artisans chocolatiers. Mr. Ho est l'un d'eux. Il est l'un des premiers à s'intéresser au chocolat artisanal organique et il travaille à la création d'une association thaïlandaise fédérant la cinquantaine de petits artisans « Bean to Bar » de toutes tailles.

COMMENT AVEZ-VOUS DEBUTÉ DANS LE CHOCOLAT?

MR. HO - En 2017, je gérais mon restaurant/coffee shop végane depuis déjà plusieurs années en utilisant exclusivement des produits locaux et du café Arabica thaïlandais. De nombreux touristes me demandaient pourquoi je ne fabriquais pas ou au moins offrais du chocolat artisanal fait avec les fèves de cacao qu'ils pouvaient voir en se promenant autour de la ville. Un jour, un visiteur m'a donné le livre de l'Anglais Don Ramsey « Chocolate - Indulge your inner chocoholic ». Je l'ai lu de bout en bout et ai immédiatement commencé à rechercher online des informations pour faire mon propre chocolat. J'ai passé des heures et des heures sur Google, YouTube et des sites spécialisés ; de cette manière j'ai appris beaucoup des chocolatiers « Bean to Bar » et des bloggeurs. Variétés de fèves, machines, méthodes de production et même fermentations et traitements post-récolte, j'absorbais tout.

LE SYMBOLE D'AIMMIKA - DE LA CABOSSE AU CHOCOLAT

J'ai cherché des fèves localement, des Chupurn et ai fait mon premier et tout petit lot en grillant des fèves dans une poêle à frire, en vannant la peau à la main et en écrasant les « nibs » avec mon rouleau à pâtisserie familial! J'ai ajouté du sucre et le résultat a été étonnamment agréable pour faire du chocolat à boire. J'ai recommencé de nombreuses fois et ai essayé de faire des tablettes de chocolat à croquer. Sans moulin à pierre/mélangeur et sans aucun tempérage, la texture était granuleuse, rugueuse et friable et donc n'était pas viable commercialement.

Mi-2017, j'ai acheté un moulin/Melangeur « Spectra 11 » avec variateur de vitesse *(ndlr: le modèle 4 kg de la société indienne « Santha »)*. Le résultat a été drastiquement amélioré avec une texture fine et fondante. Cependant, malgré les très nombreuses et longues heures que j'ai passé au-dessus de ma plaque de marbre, le tempérage demeurait imparfait et surtout aléatoire. Un soir, un touriste danois m'a vu dans le fond de mon restaurant en train de péniblement tempérer du chocolat. Il s'est approché et m'a montré comment tempérer avec la méthode dite « d'ensemençage » *(ndlr: Elle consiste à refroidir le mélange chocolat en y ajoutant du chocolat déjà tempéré qui se propage alors facilement)*. C'était le lien qui me manquait.

En Juillet 2017 j'ai acheté des moules professionnels et ai conçu un packaging propre à mon chocolat. A partir de ce moment j'avais un produit que je pouvais vendre, bien que je ne fusse pas entièrement satisfait de la couverture aluminium intérieure disponible. Je l'ai appelé « ImmAim » qui est le nom de ma fille et qui signifie « Bonheur » en Thaï...

Au début je ne vendais qu'à la boutique de mon restaurant. Rassuré par l'intérêt des clients et leurs compliments, j'ai commencé à vendre dans des boutiques de Chiang Mai à Noel 2017. Je fais trois pourcentages, 72 %, 80 % et 90 % avec diverses origines locales.

QUELLE EST VOTRE SITUATION ACTUELLE?

MR. HO - Chronologiquement, j'ai été le deuxième « Bean to Bar » à Chiang Mai juste derrière SiaMaya Chocolate. Je produis maintenant plus de 800 tablettes par mois. J'ai recruté un employé exclusivement pour le chocolat. Je cherche à me développer davantage et pour cela j'ai créé avec des amis la société « Organic Chocolate Company Ltd ». Pour un site de production proche de

LE RESTAURANT VÉGANE ET LE LABORATOIRE A CHOCOLAT. DE CHIANG MAI

Bangkok *(ndlr: 700 km au Sud de Chiang Mai)* nous achetons une vanneuse professionnelle de la marque américaine « Cocoatown », un moulin à pierre plus grand que le mien, d'une capacité de 10 kg et une tempéreuse. En plus d'augmenter les volumes, nous voulons nous impliquer auprès des cultivateurs, en particulier dans la fermentation qui est une étape cruciale pour le développement des arômes et ainsi différencier les chocolats.

Être organique est notre nature, j'ai d'ailleurs commencé par un restaurant Végane, et c'est notre objectif essentiel. Nous poussons les agriculteurs à cultiver en agriculture forestière. En mélangeant des manguiers, du durian, des noix de « Macadamia » etc.... On obtient de nouveaux et divers arômes.

QUELLE EST VOTRE APPROCHE DES CERTIFICATIONS ET DES MEDAILLES?

MR. HO - En Thaïlande, les paysans sont trop pauvres pour acheter des fertilisants chimiques ou des pesticides industriels. Dans le même temps, le coût élevé d'obtention d'une certification empêche les planteurs d'être certifiés. Donc, nous n'avons aucune certification « bio » mais notre chocolat est complètement biologique. Grâce à la petite taille des exploitations cacaoyères ici et bien sûr aux lois thaïlandaises, il n'y a pas de problème de travail des enfants et encore moins de travail en servitude dans le pays. Donc des certifications comme « FairTrade » n'auraient pas de sens.

En ce qui concerne les médailles ou prix dans les compétitions, je pense qu'elles sont une bonne chose. Dans mon cas c'est malgré tout prématuré. J'ai encore besoin de m'améliorer avant de concourir. Mais ce serait bénéfique de participer car cela me forcerait à progresser. Sans doute ce jour viendra.

ARGENT

MR. HO - Mon activité chocolat est maintenant profitable. Mais elle ne représente pas mon activité principale pour l'instant car le restaurant demeure un très bon business. Mais le ratio évolue en permanence. Si nos projets pour la « Organic Chocolate Company » se réalisent comme nous l'espérons, les choses changeront grandement.

AUTRES SUJETS

MR. HO - Maintenant que le gouvernement thaïlandais a déclaré que le cacao figurait parmi les priorités agricoles du pays, nous attendons que les choses aillent dans le bon sens. Et j'espère vraiment qu'elles changeront car actuellement je perçois l'État plus attiré par les grandes sociétés internationales plutôt que par les petits agriculteurs. La Thaïlande va progressivement être reconnue comme un producteur de cacao et même sans doute un jour proche faire partie du ICCO!

Le paysage est clairement en évolution sinon en ébullition. Par exemple, un tout récent chocolatier « Bean to Bar » à Bangkok - Kad Kokoa est en train de lancer une association des fabricants de chocolat thaïlandais. Sur le groupe Facebook de l'association en voie de formation il y a déjà une cinquantaine de membres! Le but avoué est de partager le savoir et l'information concernant le cacao et le chocolat. Une denrée très demandée actuellement en Thaïlande.

NICHOLAS ST. CLAIRE DAVIS, ONE ONE CACAO – JAMAIQUE

CONTEXTE

LA JAMAÏQUE, TROISIÈME plus grande île des Caraïbes (après Cuba et Hispaniola) a trois millions d'habitants et reçoit quatre million et demi de touristes chaque année. Bien que le cacao y ait été introduit dès le 17 ème siècle par les Espagnols, le premier produit agricole exporté de l'ile est son café, le célèbre « Blue mountain ». De grandes entreprises anglaises de chocolat, comme Cadbury étaient très implantées dans l'île bien après son indépendance en 1962 mais ces dernières années elles l'ont quelque peu abandonnée aux profits d'autres îles des Caraïbes comme Saint-Domingue et Trinidad.

Une loi votée en 2015 a abouti au démantèlement du comité national du cacao qui met actuellement en vente les cinq centres de traitement post-récolte qu'il exploitait dans le pays. Ceci a créé des incertitudes pour l'industrie cacaoyère jamaïcaine qui doit affronter au même moment une crise potentiellement existentielle provenant de l'épidémie de « Frosty Pod », la moniliose.

Au début de 2019, il y avait six artisans chocolatier ou « Bean to Bar » en Jamaïque, tous centrés sur le marché des touristes, dans les vastes hôtels ou « resorts » ou à bord des nombreux bateaux de croisière faisant escales dans les ports de l'île. Basé au Nord Est, dans la paroisse de Saint-Thomas, Nicholas Davis est l'un des premiers à établir sa marque « one one cacao » comme exemple de ce que peut être le chocolat artisanal de qualité jamaïcain.

COMMENT AVEZ-VOUS DEBUTÉ DANS LE CHOCOLAT?

NICHOLAS D. - En 2012 j'ai quitté Londres pour la Jamaïque, en tant que correspondant de la BBC pour les Caraïbes, poursuivant ainsi ma carrière journalistique. A la même époque, j'ai remarqué que le grand distributeur alimentaire anglais « Tesco » vendait des tablettes de chocolat en provenance de l'île de la Grenade. Étant moi-même d'origine jamaïcaine, une île qui produit aussi du cacao, je me suis demandé comment une si petite île comme la Grenade avait réussi à pénétrer le marché britannique. Durant mon interview de l'américain Green Mott, le fondateur de « The Grenada Chocolate Factory » j'ai été extrêmement impressionné par la manière avec laquelle il avait réussi à fédérer les petits planteurs locaux et les faire travailler ensemble plutôt que de continuer à se concurrencer. Comme je le félicitait pour ce succès que je trouvais réellement compliqué, il m'a défié d'en faire autant dans « mon île » ancestrale de la Jamaïque.

Je suis évidemment un gros mangeur de chocolat et il se trouve que peu après mon arrivée aux Caraïbes j'ai été frappé par une allergie alimentaire qui m'empêcha de manger des chocolats de fabrication industrielle à cause de leur innombrables addictifs. Comme j'avais un accès facile à des fèves de cacao dans mon entourage, j'ai décidé de faire mon propre chocolat sans aucun additif. A l'aide de ressources sur internet, entre autres « the chocolate alchimist », j'ai commencé mon voyage chocolat avec un mortier à main et un pilon.

Les premiers résultats ont été suffisants pour que mes amis et relations me poussent à aller plus loin. J'ai donc appris plus sur les techniques, les équipements et méthodes essentiellement par le web et les nombreux groupes et communautés qu'il héberge. Pour moi la tâche la plus difficile et la plus passionnante du chocolat est la recherche sur les fèves et le cacao ainsi que le travail relationnel avec les paysans.

LES PRODUITS CACAO « ONE ONE »

QUELLE EST VOTRE SITUATION ACTUELLE?

NICHOLAS D. - J'ai depuis longtemps dépassé le stade du hobbyiste passionné. Je produis et vend environ trois tonnes de chocolat par an, ici en Jamaïque. Cela représente deux lots de fabrication par semaine. Et je vois encore beaucoup de potentiel. Il y a seulement quatre ans il n'y avait qu'un seul « Bean to Bar » sur l'île et nous sommes maintenant six. Il y a approximativement 7.000 agriculteurs produisant du cacao, et ils veulent tous en faire plus. D'accord, ils ne produisent pas tous des variétés de qualité et du cacao aromatique mais tout de même, il y a beaucoup de place pour grandir.

Quand j'ai commencé, je n'avais pas d'objectifs quantitatifs clairs. Au-delà d'être capable de produire du chocolat de qualité, mon enjeu principal était d'établir des relations proches avec les fermiers locaux. Bien que mes grands-parents soient d'ici et malgré mes racines ethniques jamaïcaines, le fait que j'ai passé l'essentiel de ma vie en Angleterre et soit revenu il y a à peine cinq ans, fait de moi un « outsider ». Après plusieurs tentatives pas toutes satisfaisantes, je travaille maintenant en étroite collaboration avec deux plantations ou « Estate » comme on les appelle ici, dans les tous proches environs et ai tissé de fortes relations professionnelles avec les institutions et structures officielles de l'île.

LA RÉCOLTE D'ARBRES HAUTS

QUELS SONT VOS PRINCIPAUX FREINS ET OBSTACLES?

NICHOLAS D. - Je ne me sens pas vraiment limité en production car si la demande augmente énormément, il me suffirait d'investir un peu et éventuellement de recruter localement. Le salaire standard ici est inférieur à vingt dollars par jour. L'afflux de touristes et leur intérêt pour le chocolat artisanal de qualité rendent le marketing et la vente plutôt aisés.

Donc, mon problème principal est d'obtenir de bonnes fèves. Il y a plein de cacao en Jamaïque. Une grande part du cacao provient de fèves de bonne variété et pourrait être fantastique. Mais en fait, beaucoup se transforme en chocolat médiocre à cause d'une mauvaise fermentation et un traitement post-récolte inadapté. Comme le secret pour produire du bon chocolat est plus dans la qualité de la fève que dans les compétences du « chocolatier », tout le monde recherche les mêmes bonnes fèves. Ceci engendre une compétition pour la qualité et j'espère qu'elle générera des améliorations au niveau des agriculteurs. Mais actuellement, leur plus grosse préoccupation est de combattre la moniliose (Frosty Pod). Cette maladie pourrait être fatale pour bon nombre d'entre eux, comme elle l'a été au Brésil dans les années quatre-vingt.

QUELLE EST VOTRE APPROCHE DES CERTIFICATIONS ET DES MEDAILLES?

NICHOLAS D. - Je n'achète pas de fèves certifiées. Pour être franc, je n'accorde pas beaucoup de crédibilité aux certifications en Jamaïque et il y a de multiples raisons à cela. Je connais les paysans à qui j'achète. Je sais comment ils vivent, comment ils travaillent etc... Je peux constater par moi-même qu'ils n'utilisent aucun produit chimique. Par ailleurs il y a eu plusieurs scandales dans le secteur du cacao jamaïcain durant les récentes décennies liées à la disparition de fonds destinés à la promotion du cacao et cela limite la confiance que je peux placer dans les institutions et activités locales.

Quant à la durabilité sociale, c'est mon objectif premier. Je voudrais redynamiser le secteur du cacao en Jamaïque. Je ne négocie jamais le prix demandé par les planteurs. Mais je ne négocierai pas non plus sur la qualité. Je ne fais pas du chocolat pour devenir riche - ce serait d'ailleurs un très mauvais choix pour un tel but - je me suis lancé dans le chocolat en Jamaïque pour apporter ma petite contribution à la société jamaïcaine, à l'île d'où je viens. Si c'était aux USA, je créerais une « B corporation ». *(ndlr: une société « B » pour « benefit » est une entreprise à but lucratif mais avec la mission d'avoir un impact positif sur la société. L'exemple le plus connu est la société « Patagonia »).*

J'ai gagné une médaille d'argent et une autre de bronze en 2017 de la part du « International Chocolate Academy » dans la catégorie « Bean to Bar ». C'est en fait la seule fois que j'ai participé à une compétition de ce genre. C'était pour moi le moyen de faire reconnaitre ma qualité et mes compétences de chocolatier. Aujourd'hui je ne payerai plus pour participer à un championnat du chocolat. Je trouve qu'il y en a maintenant beaucoup trop et je ne suis pas vraiment convaincu de la rigueur du procédé de sélection et de jugement. En revanche, je serai prêt à payer pour une analyse scientifique par un centre de recherche ou une université qui aboutirait à une description détaillée des caractéristiques organoleptiques de mon chocolat. Ce n'est pas si facile d'obtenir une dégustation ou plutôt une analyse fiable.

ARGENT

NICHOLAS D. - Comme indiqué plus avant, mon business est rentable et je me développe. Ceci dit, j'ai vu des gens plus argentés et/ou plus expérimentés que moi devoir fermer. Donc, disons que je suis dans une situation correcte pour l'instant, mais cependant fragile ou précaire.

AUTRES SUJETS

NICHOLAS D. - J'aimerais revenir sur le sourcing et la perspective depuis le paysan. Tant que les planteurs ne seront pas reconnus comme le maillon clé qu'ils sont, l'industrie chocolatière et donc la société dans son ensemble ne pourra pleinement bénéficier du cacao. Malgré la vague d'engouement actuelle pour le « Bean to Bar » et le « tree to bar » provenant des régions de production comme ici, les agriculteurs et leurs communautés ne s'impliquent pas autant qu'ils le pourraient et le devraient. Si vous regardez tous les nouveaux fabricants de chocolat dans les pays de culture, la plupart appartiennent ou au moins sont gérés par des « outsiders » du pays. C'est le cas de « Marou » au Vietnam (lancé par un Franco-Américain et un Américain), de « Madecasse » (lancé par un Français et un Malgache) à Madagascar, de « Pisa » (lancé par une Américaine d'origine haïtienne) en Haïti etc... Il faut que cette situation change pour que les paysans locaux puissent pleinement bénéficier de leur culture du cacao.

TABLETTES « ONE ONE » EN SORTIE DE MOULE

BEN RASMUSSEN, POTOMAC CHOCOLATE – WOODBRIDGE, VIRGINIE, USA

CONTEXTE

LE SECTEUR DU chocolat artisanal est énormément actif aux États-Unis où il est né il y a environ quinze ans. La consommation de chocolat au niveau national, est bien inférieure à celle de la plupart des marchés européens mais cette statistique cache d'énormes disparités. En particulier, sur les deux côtes les ventes de chocolat et de chocolat de qualité, sont bien au-dessus de la moyenne. Par exemple, les régions de San-Francisco, de New-York et de la capitale – Washington - sont les plus affluentes du pays et comptent de nombreux fabricants « Bean to Bar ». Elles connaissent aussi un niveau de dépense en chocolat similaire à celui de la France ou des Pays-Bas. Dans ces régions, les chocolatiers « Bean to Bar » font partie d'un plus large mouvement d'évolution de la consommation alimentaire vers une plus grande durabilité. Une proportion grandissante de la population recherche des produits alimentaires et des sources de nourritures en accord avec leurs valeurs sociales et leur éthique. En même temps, ils sont prêts à expérimenter de nouvelles sensations ce qui permet à des « hobbyistes » du chocolat de se lancer dans le marché « Bean to Bar »

Potomac Chocolate a fait partie de la toute première vague de ces entreprises et bénéficie aujourd'hui d'une grande notoriété et reconnaissance avec de multiples tablettes de chocolat aromatique primées.

COMMENT AVEZ-VOUS DEMARRÉ DANS LE CHOCOLAT?

BEN R.. – Je viens du monde informatique. J'ai été « exposé » au chocolat aromatique par mon frère ainé et son épouse à Noël 2009. Ayant récemment participé à un cours sur le chocolat organisé par « Caputo » à Salt Lake City dans l'Utah, ils ont organisé une petite dégustation pour toute la famille. Nous avons dégusté des tablettes de chocolatiers tel que *Amano*, *Amedei*, *Domori*, *Patric* etc. et j'ai été complètement soufflé par ces sensations. En particulier, comment les chocolats pouvaient être si différents selon leur origine et le fabricant.

Après cette session, j'ai commencé à faire mes propres recherches, à apprendre le plus possible et à organiser moi-même des séances de dégustations pour des amis. Cela m'a permis, à la fois d'améliorer mon palais mais aussi de connaitre plus de chocolats de différentes sources car j'en introduisais de nouveaux à chaque réunion. Avant l'une de ces assemblées mon ami Justin Smith suggéra que nous essayions de faire nous-même notre chocolat. J'ai trouvé cette idée totalement ridicule mais après environ un mois (en Mai 2010) nous avons acheté un peu d'équipement et quelques fèves à John Nanci qui gère « The chocolate Alchemy »[21] qui était et demeure une vraie mine d'or pour apprendre à faire son chocolat chez soi. Sur Craigslist nous avons acheté un petit moulin à pierre de la marque indienne « Santha » à un énergumène de Pennsylvanie et une machine à casser les fèves sur le site de Chocolate Alchemy. Nous avons grillé ou torréfié les fèves dans mon four de cuisine, les avons vannés avec un sèche-cheveux et avons tempéré le chocolat « à la main ». En juillet de cette année-là, Justin et moi avons formé la société Potomac Chocolate avec l'objectif de produire et de vendre des tablettes de chocolat noir d'origine unique (single origin) exceptionnelles.

LE DESIGN ARTISTIQUE DES TABELTTES DE POTOMAC

21 *https://chocolatealchemy.com*

POTOMAC
CHOCOLATE

LOGO DE « POTOMAC CHOCOLATE »

Nous avons lancé notre première tablette, 70 % cacao noir provenant de la plantation « Upala » au Costa-Rica en Novembre 2011 à une dégustation organisée à la boutique « The Chocolate House » à Washington D.C. Peu de temps après, Justin a quitté le projet et j'ai continué l'activité tout seul. Au cours des années j'ai acheté de meilleures et plus grosses machines pour répondre à la demande pour mon chocolat. J'ai eu plusieurs petits moulins à pierre de « CacaoTown » qui étaient semblables à mon premier « Santha » avant d'acheter un *Santha Spectra 40*, puis un *Spectra 65*. Après le *Sepctra 65*, j'ai opté pour une technique de raffinement et conchage complètement différente et je suis passé à une « conche universelle » d'origine chinoise, qui est ce que j'utilise actuellement. J'ai aussi acheté d'autres types de machines comme une tempéreuse *Chocovision*, puis une autre de la marque *Savage Bros*. En plus de l'achat de tous ces équipements, j'ai conçu, construit ou modifié plusieurs machines pour le chocolat. Par exemple plusieurs vanneuses (j'en ai réalisé quatre jusqu'à présent), un four à convection classique que j'ai transformé en torréfacteur à l'aide d'un tambour d'acier, une armoire de refroidissement et d'autres petites choses comme des tables vibrantes. Je suis en train de construire un torréfacteur à gaz beaucoup plus grand. Il est important d'être un bon bricoleur quand on fait du chocolat artisanal parce le processus de fabrication requiert de nombreuses machines qui, inévitablement, tomberont en panne un jour ou l'autre et devront être réparées au plus vite. Étant donné que beaucoup des fabricants de machines sont loin à l'étranger, en Europe, en Inde ou en Chine, si on ne compte que sur leur support on peut se trouver à attendre et ne pas pouvoir produire pendant des jours, des semaines, voire des mois. Aussi, le coût est plus élevé en s'appuyant exclusivement sur les fabricants. Mais le réel avantage que je vois à concevoir et assembler mes propres outils est une grande compréhension de ce que la machine réalise et de l'impact sur la qualité finale du chocolat.

QUELLE EST VOTRE SITUATION ACTUELLE?

BEN R. – Aujourd'hui, je réalise généralement deux lots complets (batch) de chocolat par semaine, ce qui fait une production annuelle de plus de deux tonnes. Cela inclus plusieurs tablettes de « Single Origine » et des tablettes avec des inclusions. Je recherche actuellement un lieu adéquat pour construire un nouveau laboratoire à chocolat qui soit plus grand et mieux agencé. En plus d'augmenter ma production de tablettes de chocolat, j'ai commencé à élaborer une collection de bonbons ou pralines, qui sont la plupart du temps emplis d'une ganache au chocolat. Il semble qu'il y ait une infinité d'arômes qui peuvent être créés avec les bonbons. Ils peuvent être produits en très grande variété et avec un coût de lancement inférieur à celui d'une tablette pour laquelle il faut un fournisseur de fèves et un emballage spécifique, voire un moule nouveau. Évidement tous mes bonbons sont faits avec mon propre chocolat. Lorsque nous avons initialement conçu *Potomac Chocolate* nous n'avions pas d'objectif clairement défini à part d'être capable d'élaborer notre propre chocolat aromatique de qualité. Donc, je suis globalement plutôt content de la situation dans laquelle se trouve mon business actuellement. Cependant, bien qu'elle soit rentable, cette activité ne me permet pas encore d'arrêter mon travail dans l'informatique. J'y travaille et pense que cet objectif est réalisable.

LE PACKAGING DE POTOMAC CHOCOLATE POUR LA DISTRIBUTION

QUELS SONT VOS PRINCIPAUX FREINS OU OBSTACLES?

BEN R. – Au début la plus grande difficulté était de se procurer des fèves de qualité car le choix des sources pour des fèves réellement de grande qualité, était extrêmement réduit, particulièrement pour de petites quantités. Le seul fournisseur aux États-Unis était John Nanci à *Chocolate Alchemy*. Au fil des années, alors que la demande depuis le marché naissant des chocolatiers « Bean to Bar » augmentait, d'autres importateurs ont commencé à stocker des quantités plus importantes aux USA. Les plus significatifs sont *Uncommon Cacao* et *Meridian Cacao*. Ces entreprises font pleinement partie de la chaîne d'approvisionnement du chocolat de qualité car il est très compliqué et coûteux d'importer en petites quantités comme en ont besoin les « Bean to Bar ». Il est aussi inabordable pour les petits planteurs dans les pays de production, de satisfaire les règles d'exportation de leur pays car elles sont conçues pour des bien plus gros producteurs et transitaires. Les organisations citées plus haut sont tout à fait dignes de confiance et centrées sur la qualité et la durabilité de leurs fournisseurs. Elles sont réellement transparentes et je suis confiant que les paysans qui ont cultivé mes fèves reçoivent un prix reflétant la haute qualité de leur travail et de leur produit et qui leur permet de prendre soins d'eux-mêmes et de leur communauté. Sporadiquement, j'achète aussi en direct chez un paysan que je connais personnellement au Costa Rica. Actuellement, mes principaux enjeux ont trait au côté « business » de l'activité. J'adore l'aspect production, développer de nouvelles tablettes et des bonbons et continuer à apprendre à mieux exploiter mes équipements et produire les meilleurs arômes et sensations. J'aimerais avoir plus de temps pour cela. Je n'ai pas de limitations immédiates dans ce domaine, à part trouver plus d'espace. Je suis content des équipements que j'ai rassemblés et j'ai une assez bonne idée de la manière dont je vais augmenter ma capacité de production quand j'en aurai besoin. Le volet réellement « business » des choses (le marketing, les ventes etc...) est un peu plus délicat et n'est pas toujours ce qui m'attire le plus et pour lequel je me sens le plus qualifié. Je suis satisfait de mes revendeurs et distributeurs actuels mais pousser les ventes est quelque chose que je fais régulièrement passer derrière la production. Au fil des années j'ai employé plusieurs vendeurs qui se sont tous montrés plutôt inefficaces et je réalise la plupart des tâches commerciales moi-même. Si j'avais quelqu'un pour gérer cela avec d'autres responsabilités, cela me libèrerait pour me centrer sur la production et le développement.

LE NOUVEL EMBALLAGE DE POTOMAC CHOCOLATE

QUELLE EST VOTRE APPROCHE DES CERTIFICATIONS ET MEDAILLES?

BEN R. – Mes chocolats sont faits avec des ingrédients produits biologiquement mais je ne me soucie pas particulièrement des certifications. J'achète à des paysans qui appliquent les principes biologiques mais qui sont en général trop petits pour supporter le coût du processus de certification. Ma première préoccupation lorsque j'achète est de savoir si le cacao est « durable » tant pour le fermier que pour l'environnement. Si le paysan ne reçoit pas assez pour vivre dignement, ce n'est pas durable. Je pense la même chose d'autres certifications comme *Fairtrade* and *Utz/Rainforest Alliance.*

BEN R. - J'ai une vision nuancée des concours et médailles pour le chocolat. Bien sûr j'adore gagner des médailles pour mes chocolats. J'en ai d'ailleurs obtenu plusieurs depuis le début, dont celle de la *Academy of Chocolate Awards* pour cette toute première tablette 70 % de cacao de Upala reçue quelques mois après son lancement. Plus récemment j'en ai obtenu de la *Academy of Chocolate Awards*, des *Good Food Awards*, et de l'*International Chocolate Awards*, qui est de mon point de vue la plus transparente et la plus dédiée à la reconnaissance du chocolat de haute qualité.

Gagner des concours fait beaucoup de bien au moral et peut évidemment aussi aider pour les ventes, en particulier vis-à-vis des gens qui achètent pour la première fois du chocolat de qualité. Mais il existe des limites liées au processus de sélection lui-même et qui réduisent leur capacité à signaler la qualité aux clients. Il y a de nombreuses raisons à cela, y compris une certaine usure du palais (bien que certaines compétitions fassent beaucoup d'efforts pour combattre ce problème, en particulier l'ICA). Un autre problème est qu'il y a souvent des variations entre les lots de chocolat, particulièrement chez les petits et/ou nouveaux fabricants. Donc, le lot qui gagne le prix peut tout à fait être excellent alors que les lots suivants ne sont pas au même niveau. Il y a aussi la possibilité qu'un artisan sélectionne uniquement le top du top pour le championnat et non pas un échantillon représentatif de ce qu'il a en magasin.

LES TIMBRES DE RECONNAISSANCE DES RECOMPENSES 2017 DE L' ICA

ARGENT

BEN R. - *Potomac Chocolate* était rentable presque dès le début. Néanmoins, nous devons grossir encore un peu pour que cela devienne ma seule activité.

AUTRES SUJETS

BEN R. – Pour mes tablettes « Single origin » j'utilise exclusivement deux ingrédients, des fèves de cacao et du sucre de canne. Mais j'ai commencé à élaborer des chocolats qui s'éloignent de cette formule – en particulier pour les tablettes avec inclusions et pour les bonbons. Incorporer uniquement les deux ingrédients de base est devenu la norme parmi les nouveaux artisans du chocolat et « Bean to Bar » mais je pense qu'il y a de la place pour des marchés plus nuancés. Je considère que les nouveaux chocolatiers devraient expérimenter différentes formules et recettes en ajoutant, le cas échéant, du beurre de cacao, de la vanille, des inclusions fruitées ou autres, afin de trouver ce qu'elles/ils préfèrent. Si l'on utilise des ingrédients de sources éthiques et de haute qualité, une formule n'est pas fondamentalement meilleure qu'une autre. J'aimerais que plus de chocolatiers « Bean to Bar » suivent leurs inspirations plutôt que le chemin tracé avant eux par d'autres chocolatiers. Des gens différents apprécient différemment les expériences de dégustation. Si nous voulons vraiment élargir l'audience et le nombre d'amateurs de bon chocolat, nous devons être prêts à élargir aussi l'offre de bon chocolat.

LES INDUSTRIELS DU CHOCOLAT

COMPTE TENU DES investissements importants en machines et des budgets marketing nécessaires pour vendre des confections chocolatées aujourd'hui, les premiers producteurs sont d'énormes entreprises internationales avec d'immenses capacités d'achat.

Comme toutes les grandes organisations, ces entreprises sont assujetties aux aléas de la spéculation financière et n'ont plus une seule identité nationale. Par exemple, l'icône Britannique du chocolat de masse, « Cadbury » est la propriété du conglomérat alimentaire Américain « Mondelez », possédant par ailleurs un large portefeuille d'activités chocolatées telles que Milka, Toblerone et Côte d'Or. Le plus gros transformateur de cacao, produisant 1,7 million de tonnes de chocolat (en 2017) à destination des professionnels, était à l'origine une entreprise Belge, Callebaut. Il est devenu le groupe « Barry Callebaut » à la suite de sa fusion avec le Français « Barry » en 1996 et a relocalisé son siège social en Suisse d'où il supervise une soixantaine de sites de production à travers le monde.[22]

Les 20 plus grosses entreprise du secteur

RG	SOCIÉTÉ	PAYS	BASE	USINES	EMPLOYÉS	C.A. (MILLIARD)
1	MARS	USA	CHICACO, IL	53	34,000	$18,000
2	FERRERO	ITALIE	LUXEMBOURG	23	34,543	$12,390
3	MONDELES INT'L	USA	DEERFIELD, IL	150	80,000	$11,792
4	MEIJI CO. LTD	JAPON	TOKYO	7	10,673	$9,662
5	HERSHEY CO.	USA	HERSHEY, PA	13	16,910	$7,779
6	NESTLE SA	SUISSE	VEVEY	413	323,000	$6,135
7	LINDT & SPRUNGIL AG	SUISSE	KITCHENBERG	12	14,000	$4,737
8	EZAKI GLICO CO LTD	JAPON	OSAKA	12	5,488	$3,327
9	HARIBO GMBH	ALLEMAGNE	BONN	16	7,000	$3,300
10	PERFETTI VAN MELLE SPA	ITALIE	LAINATE	32	17,700	$3,086
11	PLADIS	UK	LONDON	34	26,000	$2,816
12	GENERAL MILLS INC.	USA	MINNEAPOLIS, MN	50	40,000	$2,100
13	KELLOGG'S CO.	USA	BATTLE CREEK, MI	46	33,000	$1,890
14	STORCK	ALLEMAGNE	BERLIN	3	6,000	$1,859
15	ORION CORP.	CORÉE DU SUD	SEOUL	16	13,165	$1,718
16	ARCOR	ARGENGTINE	BUENOS AIRES	47	22,000	$1,200
17	UNITED CONFECTIONARY MANUFACTURERS	RUSIE	MOSCOW	19	20,000	$1,169
18	BOURBON CORP.	JAPON	NIGATA	10	4,900	$1,060
19	LOTTE CORP.	CORÉE DU SUD	SEOUL	22	14,798	$1,055
20	VALEO FOODS GROUP	IRELANDE	DUBLIN		2,200	$1,026
				TOTAL	725,377	$95,737

CLASSEMENT GLOBAL SELON LE CHIFFRE D'AFFAIRE

Note: Le chiffre d'Affaire indiqué ici inclus l'ensemble de leurs activités, y compris celles n'utilisant pas de chocolat

22 *https://www.barry-callebaut.com/en/group/about-us/barry-callebaut-glance*

FABRICATION DU CHOCOLAT

LE PROCESSUS DE fabrication du chocolat consiste à réduire l'acidité et l'amertume naturelle des fèves de cacao en les fermentant immédiatement après la récolte, donc sur les lieux de culture. Ensuite la torréfaction élimine toute humidité et aide à séparer la peau du grain, tout en permettant de manipuler quelque peu les arômes, et enfin il convient de réduire la taille des particules jusqu'à un niveau agréable au palais (moins de 20 microns) tout en ajoutant un adoucissant, le plus souvent du sucre. Pour améliorer davantage le goût et augmenter le temps de conservation, un processus faisant varier la température du chocolat et appelé « tempérage » donne au chocolat un aspect brillant et une texture uniforme.

Il y a en général plusieurs manières d'accomplir chacune de ces tâches. Les planteurs et les chocolatiers choisissent celle qui leur convient le mieux en fonction de leurs volumes, leurs ressources et de leur objectif de qualité.

UNE JEUNE FLEUR ET UNE CABOSSE PROCHE DE MATURATION ENSEMBLE

LES FÈVES ENDOMMAGÉES DURANT L'ÉCABOSSAGE POURRIRONT PLUTÔT QUE DE FERMENTER

LA RÉCOLTE

BIEN QU'IL Y ait deux périodes de grande récolte, les cacaoyers portent simultanément des bourgeons, des fleurs et des cabosses à tous les stades de maturation. Les récoltants doivent identifier les cabosses mûres et les couper précautionneusement afin de ne pas laisser de blessure. La couleur et surtout la profondeur des « rides » ou « veines » des cabosses indiquent leur mûrissement. Une fois coupées de l'arbre, les cabosses non ouvertes peuvent se garder jusqu'à quatre jours avant d'entamer la fermentation contrôlée. Mais une fois la cabosse ouverte, même partiellement, les composants chimiques du mucilage (la pulpe blanche) et ceux contenus dans le placenta (la tige centrale) ainsi que dans les graines elles-mêmes, font qu'une fermentation spontanée incontrôlée démarre. C'est pourquoi les planteurs qui ouvrent leurs cabosses sous les arbres dans les plantations et apportent des « fèves mouillées » au centre de traitement post-récolte, doivent le faire dans les 5 à 6 heures maximum suivant la coupe.

Selon les habitudes locales, la topographie et la main d'œuvre disponible, les cabosses sont soit, écabossées (vider de leurs fèves) sous les cacaoyers et les coques vides sont alors laissées à pourrir sur place produisant un compost naturel et ce faisant attirant les petits moustiques responsables de la pollinisation, soit elles sont transportées rapidement au centre de fermentation.

L'ouverture des cabosses pour en extraire les « fèves mouillées » avec leur pulpe blanche doit se faire avec précaution afin de ne pas couper ou ouvrir les fèves elles-mêmes. Dans quelques grandes exploitations en Afrique de l'Ouest ou en Asie, cette tâche est parfois mécanisée en utilisant une machine spécifique installée à la demande dans les plantations.[23]

Souvent, les planteurs commencent à couper les cabosses tôt le matin, puis les ouvrent avec l'aide de membres de leur famille pour les mettre dans des sceaux en plastique, puis dans des sacs qui sont disposés le long du chemin principal. A partir de midi, les camions, tracteurs ou les ânes du centre de traitement après récolte, les ramassent pour apporter la récolte à la fermentation.

LA FERMENTATION

IL EST NÉCESSAIRE de fermenter les fèves de cacao afin d'éliminer le mucilage et éviter qu'il ne pourrisse, pour tuer l'embryon de la graine afin qu'elle ne germe pas, pour éliminer des composants acides et pour démarrer des réactions chimiques qui initient les arômes chocolatés.

Le chocolat fait à partir de fèves non fermentées à un goût de beurre ou de lait tourné plutôt déplaisant. Néanmoins, il existe une grande demande pour des fèves non-fermentées - et donc moins chères - pour en extraire le beurre de cacao et faire du cacao en poudre. Le beurre ainsi extrait est désodorisé et utilisé en cosmétologie et dans certains produits médicaux, car il a une faible viscosité et fond à la température du corps humain.

La méthode la plus efficace pour fermenter consiste à placer de grandes quantités de fèves fraîches dans des caisses en bois épais doublées de feuilles de bananier. On trouve rarement des caisses contenant moins de 100 kg de cacao. Durant chaque cycle de fermentation des germes et résidus chimiques se fixent sur les parois de ces grosses boites qui se couvrent graduellement d'un film blanchâtre qui améliore la fermentation. C'est pourquoi il est bon de gratter une partie de cette substance pour la transplanter dans des caisses neuves et accélérer ainsi leur capacité de fermentation. On appelle cela « ensemencer » les caisses.

23 *http://www.iteks.fr/decoupe-cabosse.htm*
https://youtu.be/AX4Wav5iipY

Il est important d'utiliser des caisses contenant un grand volume de fèves - 50 Kg à 1,5 tonne - afin de pouvoir maintenir la température qui montera naturellement jusqu'à 50 degrés Celsius.

Durant les premières 40 à 48 heures une première fermentation anaérobique (sans air) se produit, faisant monter la température entre 30 et 35 degrés. En mesurant la température on peut identifier à quel stade du cycle on se trouve. Pour favoriser le deuxième stade qui consiste en une fermentation aérobique (avec de l'air) on remue les fèves ou le plus souvent on les transvase dans une autre caisse tout en essayant de ne pas abaisser la température ce qui stopperait la fermentation. De plus en plus fréquemment, les centres de fermentation disposent les caisses sur une sorte d'escalier et lorsque la première étape est terminée on ouvre le côté de la caisse pour pousser les fèves dans la caisse suivante disposée plus bas. Après deux jours environ, on fait de même, de sorte qu'avec 3 ou 4 niveaux, le cycle complet est terminé. Il faut couvrir cette installation d'un toit pour la protéger des éventuelles pluies tout en laissant assez de circulation d'air pour permettre aux nombreux acides qui s'échappent des caisses de se dissiper.

Selon la variété du cacao, l'objectif aromatique recherché et la météo, le cycle complet dure de 5 à 10 jours. En sortie de fermentation, les fèves ont environ 40 % d'humidité et doivent être séchées pour atteindre moins de 7 % d'humidité, la norme commerciale la plus courante.

SÉCHAGE

SI LE TEMPS le permet, la meilleure méthode de séchage consiste à placer les fèves fraîchement fermentées en couches de 2 à 3 centimètres sur des filets tendus comme des tables à environ un mètre d'un sol non poussiéreux, et protégés à l'aide d'une structure de toile en plastique transparent, comme une serre. Durant les 2 à 3 premiers jours il faut remuer les fèves toutes les heures, puis toutes les 4 à 6 heures afin d'unifier le séchage.

Parmi les pratiques malheureusement courantes, mais à éviter, il y a le séchage sur le bord des routes et le séchage au-dessus d'un feu de bois. Sur le macadam, le cacao absorbe le goudron et est susceptible d'être pollué par des animaux errants, et le feu de bois répand des odeurs indésirables.

En ouvrant ou fermant la couverture plastique, on peut maintenir la température au-dessous de 45 à 50 degrés. Au-delà de ce niveau, la peau peut sécher avant l'intérieur créant ainsi une coque dure à l'intérieur de laquelle le cotylédon peut pourrir.

FÈVES FERMENTÉES ET SÈCHES

BOÎTES DE FERMENTATION

MESUREUR D'HUMIDITÉ

En cas de pluie persistante, de faible ensoleillement ou de récolte importante, on peut utiliser des séchoirs fonctionnant au gaz ou au feu de bois. Équipés d'échangeurs de chaleur pour éviter la transmission d'odeurs indésirables, ces séchoirs font tourner lentement et précautionneusement les fèves dans de grands tambours tournant avec une température d'environ 40 à 45 degrés.

GRANDES TABLES DE SÉCHAGE EN RÉPUBLIQUE DOMINICAINE

Lavage

UN PETIT NOMBRE de chocolatiers demande que leurs fèves soient lavées avant le séchage. Ceci est fait dans de petites citernes rondes ou dans de grands bassins taillés dans le sol. En sortie de ce traitement les fèves apparaissent très propres et sans aucun résidu collé en surface. Elles ont aussi perdu une partie de leur sucre et de leur identité aromatique mais également la plus grande partie de leur acidité. Grâce à cela, elles demanderont un temps de conchage plus court, ce qui conservera aussi plus d'arômes. En conclusion, le chocolat fabriqué avec des fèves lavées et avec des fèves non lavées est totalement identique. C'est pourquoi je ne suis pas favorable au lavage des fèves car en plus de n'avoir aucun effet discernable sur le chocolat, il ajoute un risque réel de pourrissement dû à une plus longue période à un haut pourcentage d'humidité, il représente un surcroit de travail et crée un problème écologique de par le besoin en eau douce et surtout par le traitement de l'eau polluée en fin de lavage.

Torréfaction

LA TORRÉFACTION EST la seconde opération cruciale, après la fermentation, pour les arômes du chocolat. Elle est aussi nécessaire pour retirer toute humidité restant dans la fève et améliorer ainsi le vannage, c'est à dire la séparation de la peau de la fève. Et enfin, elle permet d'accentuer ou camoufler certaines senteurs. Selon la qualité et la taille des fèves, leur niveau d'humidité, la machine utilisée et le profil aromatique recherché, la torréfaction dure entre 10 et 50 minutes à des températures de 100 à 180 degrés Celsius. En principe, plus la fève est petite et aromatique, plus courte est la torréfaction et plus faible est la température. Contrairement au café qui demande une procédure de torréfaction complexe à des températures élevées, la torréfaction du cacao est relativement simple.

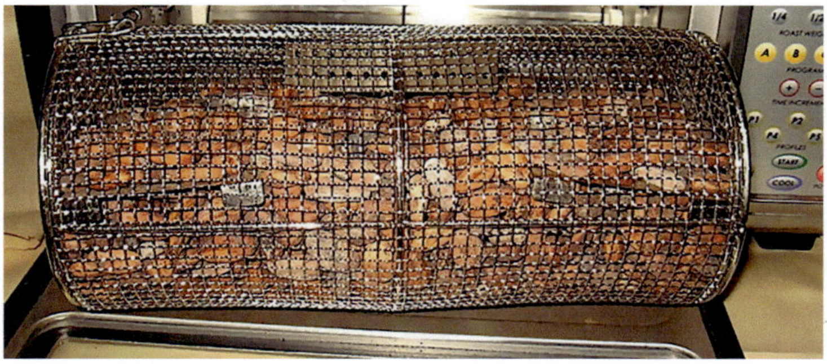

En utilisant un torréfacteur de café, un four rotatif ou même un four conventionnel, les fèves doivent être mises le plus rapidement possible à la température visée car il s'agit bien de griller les fèves, pas de les cuire. Une fois que le parfum reconnaissable du chocolat s'échappe du four et que l'on peut entendre les premières fèves éclater comme du pop-corn, il convient de rapidement retirer les fèves et les mettre à refroidir.

Personnellement, je ne change qu'un paramètre à la fois, la durée. Pour du cacao aromatique, je règle le four à 130 degrés et enfourne les fèves. Je retire un échantillon après 10, 15, 20 et 25 minutes ou parfois plus. Je teste les fèves grillées et choisis la meilleure procédure. Si aucune ne me semble optimum, je recommence l'opération à 150 degrés, puis 170 si nécessaire. Pour de grosses fèves de variété acide, je commence à 160 degrés.

VANNAGE

GÉNÉRALEMENT RÉALISÉE UNE fois les fèves brisées en petits morceaux, cette opération consistant à séparer la peau de la fève, peut aussi être effectuée avant. Le principe est le même depuis des siècles: en soufflant un courant d'air ou du vent sur l'ensemble - fève plus peau - les peaux s'envolent alors que les fèves, plus lourdes, retombent. Donc toutes les machines « vanneuses » possèdent une source d'air et un système de filtrage de résidus. Il est aisé pour de petits artisans d'assembler leur propre vanneuse en utilisant un aspirateur comme source d'air et quelques tuyaux pour filtrer le résultat que l'on appelle grué en Français et « nibs » en anglais. Les vanneuses industrielles ajoutent des grilles vibrantes pour calibrer les résultats. A nouveau selon les variantes, retirer la peau fait perdre jusqu'à 30 % du poids. Légalement, il ne doit pas y avoir plus de 5 % de peau - en poids - dans le grué. Considérant la légèreté de la peau, 5 % représentent déjà un volume important. Pour ma part, je vise 2 % maximum.

VANNEUSE ARTISANALE

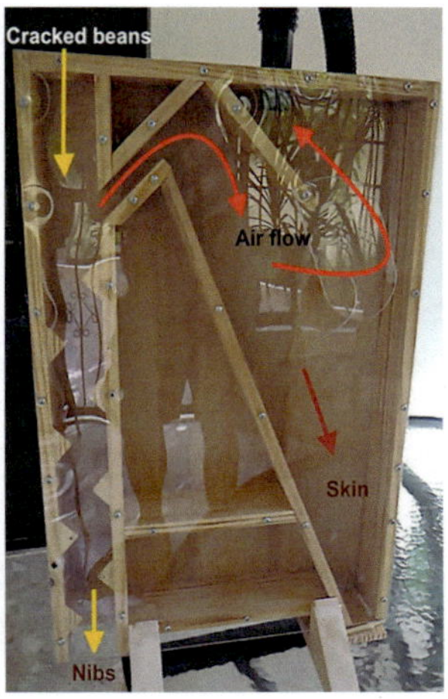

CONCASSAGE ET PRÉ-MOULINAGE

LES FÈVES DE cacao sont maintenant grillées, propres et brisées en petits éclats. Certains petits chocolatiers « Bean to Bar » les mettent ainsi progressivement dans leur moulin. Cependant, la plupart les concassent en une sorte de pâte granuleuse avant de les moudre afin de réduire le temps dans le moulin. Ce pré-moulinage peut être réalisé avec un simple mixer ou à l'aide de rouleaux métalliques tournant les uns contre les autres.

PAR ORDRE:
GRUÉ PRÊT POUR LE MOULIN
ÉNORME MOULIN ANCIEN
MOULIN « SPECTRA » DE 18 KG

EN BAS:
CONCHE MODERNE

Moulin à pierre

UN MOULIN FAIT de deux roues en pierre posées sur un fond en pierre lui aussi, et tournant, est le procédé le plus classiquement utilisé. Durant l'opération, la température monte naturellement au-delà de 45 degrés par le simple effet de la friction des pierres. Il en existe de toutes tailles, depuis 1,5 kg jusqu'à plus d'une tonne.

Moulin à billes

UNE OPTION TRÈS utilisée pour les grandes capacités de production est le moulin à billes. Constitué d'un grand baril métallique dans lequel des billes d'acier sont disposées et tournent sous la pression d'un bras interne. Les fèves concassées en pâte de cacao sont jetées dans le baril et les billes tournantes les raffinent progressivement pendant qu'un système de chauffage autour du tambour élève la température à la manière d'une conche *(voir plus loin)*. En utilisant des billes d'acier de différents poids et taille et en variant la température on peut adapter la procédure au résultat et au temps recherché. Le principal avantage de cette machine est sa rapidité. En effet, on peut obtenir en deux heures une liqueur de cacao à 20 microns, ce qui prendrait six heures ou plus en utilisant un moulin à pierre.

Moulin Céramique

UNE AUTRE APPROCHE est d'utiliser un moulin céramique, similaire à un moulin à café géant. Le grué est poussé entre les roues dentées en céramique qui les écrasent pour pouvoir les laisser passer. En répétant ce processus deux à trois fois on atteint une taille de particules satisfaisante, c'est-à-dire inférieure à 20 microns.

Chacune de ces méthodes est particulièrement adaptée à un certain type de chocolat et surtout à un certain volume de production. Le moulin à pierre rotatif est de loin l'outil le plus versatile et le plus utilisé. Dans des petites unités de production il peut même être utilisé comme Conche.

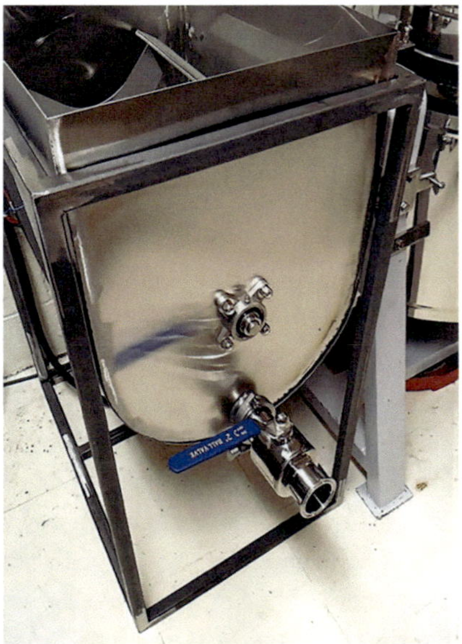

CONCHE ANCIENNE

Il faut aussi noter que certaines conches professionnelles, dites « Universelles » sont conçues pour réaliser également l'étape de moulinage en utilisant des bras gratteurs rotatifs internes capables de diminuer la taille des particules de cacao et de sucre.

CONCHAGE

LE TERME « conchage » est issu du mot Espagnol « concha » qui est la coque des crustacés telle que celle des coquilles Saint-Jacques. Parce que les populations indigènes d'Amérique utilisaient des plateaux incurvés rappelant la forme d'une demi-coquille Saint-Jacques pour écraser les fèves de cacao à l'aide un rouleau en bois, les Colons Espagnols les ont appelées des « concha ». Le terme s'est transformé en « conche » et est demeuré.

Aujourd'hui la fonction du conchage est double: mélanger intrinsèquement les composants du chocolat - cacao, sucre, arômes éventuels, beurre de cacao etc... en les remuant sans les écraser, c'est-à-dire sans réduire davantage la taille des particules et aussi faire s'échapper du mélange des composants aromatiques indésirables pour en faire ressortir d'autres en chauffant le mélange.

Pour obtenir une texture totalement homogène et lisse, la plupart des chocolatiers ajoutent un émulsifiant. Le plus répandu est de la lécithine provenant de plantes. La lécithine est un terme générique pour nommer une substance grasse avec la particularité d'attirer à la fois l'eau et le gras, en faisant un additif idéal pour bien unir un mélange gras comme le chocolat. On trouve de la lécithine dans la graisse animale ainsi que dans la peau de nombreuses graines et fleurs, tels que les tournesols et le soja. La lécithine du soja est de loin la plus utilisée par les artisans du chocolat aromatique qui ajoutent de 2 à 5 % (en poids) d'émulsifiant dans leur fabrication. Il faut noter que près de 80 % du soja disponible sur le marché, provient de graines génétiquement modifiées.

Il existe plusieurs types de conches. Les plus anciennes, utilisées au tournant du XIXe siècle, se composaient d'une sorte de baquet rectangulaire disposé au-dessus d'une source de chaleur et dans lequel un bras mécanique agitait d'avant en arrière un mélangeur constitué d'un petit rouleau reposant sur le fond. De nos jours, les conches ont la forme de réservoirs cylindriques recouverts d'une double coque permettant de faire circuler de l'eau chaude ou non, et contrôler ainsi la température. A l'intérieur, des bras rotatifs agitent le mélange chocolat et un puissant ventilateur permet d'aérer le chocolat selon le besoin et selon le moment.

En variant la température et la durée du conchage, les fabricants de chocolat éliminent des arômes indésirables, essentiellement les acidités, ce qui permet à des sensations plus subtiles d'apparaître.

Chez les producteurs industriels utilisant de grandes conches, ce processus dure moins de quatre heures, alors que les artisans du chocolat laissent parfois leur mélange jusqu'à quatre-vingt-seize heures dans leur conche. Pour eux, il est courant d'utiliser la durée de conchage comme argument de qualité et de garantie d'une texture suave et homogène. Cependant, le double effet d'éliminer des arômes et d'homogénéiser la texture ne garantit pas forcement la création d'un bon chocolat, à moins qu'il ne le soit déjà avant traitement.

TEMPÉRAGE

A LA FIN du conchage, le chocolat est prêt sous forme liquide. Pour produire des tablettes de chocolat qui se garderont longtemps (jusqu'à seize mois, au sec et à une température stable entre 14 et 20 degrés environ), qui auront une apparence brillante et se briseront avec un bruit sec et franc, il est nécessaire de « tempérer » le chocolat avant de le mettre dans des moules.

TEMPÉREUSE PAR LOT À ROUE

Les « bons » cristaux

LES MOLÉCULES GRASSES du beurre de cacao ont six types de cristaux selon leur température. Si le chocolat est laissé à refroidir par lui-même, des cristaux de chaque type se forment au passage des températures et le chocolat finalement refroidi à une texture poudreuse et une apparence mate et une couleur irrégulière. C'est ce qui se passe lorsqu'une tablette fond, par exemple dans une voiture au soleil et qu'elle est mise au réfrigérateur pour solidifier à nouveau.

Les températures indiquées ici sont indicatives car les niveaux de cristallisation varient selon le pourcentage de beurre de cacao dans le chocolat et dépendent donc aussi des autres composants du chocolat comme le sucre, le lait en poudre, etc... Le procédé de tempérage consiste à chauffer le chocolat à une température d'environ 45 C - 113 F afin de liquéfier tous les cristaux. Puis d'abaisser la température à 27-28 C - 80-82 F pour initier la formation des cristaux de catégorie IV et V. En agitant, c'est à dire en mélangeant le chocolat, ces cristaux se propagent dans l'ensemble du mix. Enfin, la température est portée à 31 C - 88 F pour éliminer les

TYPE	DESCRIPTION	TEMPERATURE
CRYSTAL I	FOND FACILEMENT, POUDREUX, STRIÉE	17 C - 63 F
CRYSTAL II	FOND FACILEMENT, POUDREUX, STRIÉE	21 C - 70 F
CRYSTAL III	FOND FACILEMENT, COMPACTE, CASSURE MOLLE	26 C - 87 F
CRYSTAL IV	FOND TRÈS VITE, SOLIDE, CASSURE FRANCHE	28 C - 82 F
CRYSTAL V	FOND A TEMPERATURE DU CORPS, BRILLANT, TEXTURE SOLIDE, CASSURE FRANCHE.	34 C - 94 F
CRYSTAL VI	TROP SOLIDE, ROBUSTE. SE FORME EN PLUSIEURS JOURS	36 C - 97 F

cristaux IV pour ne plus avoir que des cristaux V.

Ces variations de température peuvent être obtenues par différents moyens. Le plus basique mais efficace et distrayant consiste à répandre le chocolat sur une surface froide comme, par exemple, un bloc de marbre, avant de le réchauffer un peu. Pour la méthode par « ensemençage », on met du chocolat déjà tempéré dans le mélange chocolat où il fond, abaissant ainsi la température. Il existe plusieurs types de machines, réalisant le tempérage de manière manuelle ou automatique. Répondant à la demande actuelle pour de petites tempéreuses à cycle continu - un procédé autrefois réservé aux professionnels à grand débit - des industriels commencent à vendre des équipements à capacité réduite. Cependant, avec un prix de départ proche de quatre mille Euros, elles restent hors d'atteinte pour les Hobbyistes qui le plus souvent utilisent des machines plus économiques travaillant par lot.

TEMPEREUSE A CYCLE CONTINU DE MARQUE « POMATI »

MOULAGE ET PACKAGING

IL EXISTE TROIS types de moule pour les tablettes de chocolat et produits moulés.

Moules acryliques et silicone

LEUR CONSISTANCE FLEXIBLE rappelant le caoutchouc les rend inadéquats pour les tablettes mais ils sont parfaits pour les bonbons, ganaches et truffes.

Moules PVC

CES MOULES EN plastique mince sont bon marché et conviennent essentiellement aux confections, mais sont parfois utilisés pour les tablettes. Ils sont fragiles et durent peu de temps et sont donc réservés aux événements spéciaux tels que la Saint Valentin, Pâques etc...

Moules Polycarbonate

ILS SONT CONSIDÉRÉS comme le moule du professionnel du chocolat. Robustes et solides, ils supportent les efforts et chocs des fabricants de chocolat. Certains sont équipés d'aimants pour être montés sur des lignes de fabrication automatisées.

- 2019
Commended = C
NAME:
Bronze = B
Silver = S
Gold = G
Super Gold (astonishing)
Texture
COMMENTS

SAVEURS ET ARÔMES

PAR CHERRIE LO

QU'EST-CE QU'UN BON CHOCOLAT?

UN BON CHOCOLAT est une combinaison d'éléments ou de caractéristiques et comme toute activité humaine cela inclus une part de subjectivité. Cependant, les attributs d'un bon chocolat peuvent être listés selon les critères suivants:

- Apparence: une surface brillante naturelle homogène
- Son: se brise de manière franche avec un son sec et bref, confirmant un bon tempérage
- Effluves: diffuse de multiples arômes couvrant plusieurs catégories formant une sensation complexe
- Texture/Toucher: fond uniformément sur le palais (à moins d'être un chocolat mouliné pour avoir une texture granuleuse)
- Arômes: sensations aromatiques persistantes sous le palais ou une succession de notes aromatiques longues
- Aucun défaut: pas de défaut aromatique tel que des notes fromagères (dues à une mauvaise fermentation), des relents de champignons (dus au pourrissement des fèves), pas d'odeurs de brûler (dues à une torréfaction excessive), etc.

Profil des Chocolats:

LES FÈVES DE cacao ont des profils aromatiques très variés selon leur variété, origines et terroirs. Les sensations aromatiques du chocolat qui en résulte sont également le résultat des connaissances et compétences du chocolatier à chaque étape du processus d'élaboration de la tablette. Cependant, on peut identifier des similitudes communes à chacun des grands producteurs de cacao. Voici les profiles aromatiques de quelques-uns des principaux producteurs de fèves:

- Vénézuéla: Chuao, molasses, raisin sec
- Colombie: Doux, léger et sucrés
- Pérou: Érable, pruneau, caramel
- Équateur: Myrtille, cassis, mélasse
- République Dominicaine: Figue, raisins, noix de muscade, cannelle
- La Grenade: Sucre moscovade, mûre
- Papouasie Nouvelle Guinée: Épices de terre, fumée
- Madagascar: Agrumes, fruité, pâteux
- Ghana: Arôme unidimensionnel chocolat

DEGUSTATION

LA DÉGUSTATION DE chocolat est normalement un exercice divertissant, cependant elle fait appel à différents niveaux de jugements sensitifs et à des techniques définies. Ayant dit cela, je suis convaincu que de croire en son instinct est la meilleure approche du goûteur pour vraiment connaître le morceau de chocolat qui est devant elle/lui.

CHERRIE LO CONDUISANT UNE SESSION DE DÉGUSTATION

Préparation:

IL FAUT TENIR compte de plusieurs éléments avant de déguster:

La nuit précédente:

- Éviter l'alcool, car il rend fatigué le lendemain et réduit la concentration
- Éviter un gros dîner, car un estomac rempli perturbe le sommeil ce qui réduit votre énergie le lendemain
- Se coucher tôt pour un bon repos. Un esprit clair et un corps reposé rend plus calme, plus sensible et plus conscient des sensations buccales. Cela renforce également la connexion entre le palais et le cerveau et transforme les impressions et sensations en jugement ferme qui active les associations de mémoire dans le cerveau.

Le jour de la dégustation:

- Éviter le café et les boissons ayant un goût fort et persistant car ils affectent la sensibilité de votre palais et kidnappent vos percépteurs gustatifs.
- Prenez un repas correct mais sans un estomac rempli - vous ne voulez pas avoir faim durant les délicieuses sessions de dégustations.
- Soyez naturel/le. Le parfum, rouge à ongles, après-rasage aromatisé ou humidifiant pour les mains perturberont vos sensations au moment de déguster le morceau de chocolat que vous avez entre vos doigts. Cela affectera également les autres dégustateurs présents dans la pièce.

Environnement:

- Un environnement sans odeur ni arôme, c'est-à-dire totalement neutre, est la meilleure situation pour réaliser une dégustation de chocolat. Laisser une circulation d'air frais.
- La meilleure température de stockage du chocolat se situe entre 16 et 20 degrés Celsius. Il est souhaitable de déguster dans une ambiance inférieure à 22 degrés Celsius pour éviter que le chocolat ne ramollisse.

Équipement:

De l'eau: Ayez une bouteille d'eau accessible - plate ou pétillante selon votre préférence. Personnellement je préfère l'eau pétillante car je pense que les bulles emportent le goût persistant sur mon palais.

Polenta: La Polenta est faite de maïs moulu en farine. Elle a une riche couleur brillante rappelant le jaune d'œuf et est légèrement sucrée. La Polenta tiède est un nettoyant de palais efficace et populaire parmi les dégustateurs de chocolat. Sa texture douce et épaisse tout en étant coulante a l'effet magique d'attraper et d'emporter tous les résidus olfactifs du palais. Il faut noter que la texture de la Polenta est cruciale. Si elle est trop liquide elle ne pourra « frotter » le palais suffisament pour emporter toutes les saveurs. A l'inverse, si elle est trop solide, elle devra être mâchée et ne remplira pas non plus sa fonction. Chaque détail compte.

POLENTA ET CARTES DES SAVEURS

Pommes et baguette de pain: Bien que les pommes et la baguette de pain aient leurs propres arômes, elles sont couramment utilisées pour nettoyer le palais durant les compétitions. Cela est dû à la subtile douceur d'une tranche de pomme qui arrive à nettoyer et à remplacer les éventuelles sensations déplaisantes restées sur le palais. La baguette pour sa part a la capacité de neutraliser l'acidité et l'amertume sur le palais et donne ainsi un nouveau départ pour continuer à tester.

Notes de dégustation

POSER SUR LE papier ses notes de dégustation est important. Vous aurez des expériences différentes durant votre « voyage dégustatif ». C'est toujours bon de les enregistrer, de les comparer avec celles d'autres goutteurs, et avec vos propres remarques lorsque vous dégusterez le même chocolat quelques jours plus tard. Généralement, j'écris dans un calepin dédié aux dégustations de chocolat. Vous pouvez aussi acheter un cahier spécialement conçu pour cela.

Les cinq sens de la dégustation

LA DÉGUSTATION DE chocolat est une affaire de sensations - par les yeux, les orielles, le nez, le palais et par le cerveau.

La vue: Observez précautionneusement le chocolat. Est-il d'une couleur brillante ou mate? Montre-t-il des traces blanches sur sa surface (évidence de fleurissement du sucre), des petits trous? (provenant de bulles d'air) Un chocolat correctement tempéré aura une surface brillante. S'il y a des lignes blanches sur la tablette faisant penser à du pourrissement, cela n'en est probablement pas. Il s'agit plus vraisemblablement d'un fleurissement du sucre. C'est-à-dire que le sucre dans le chocolat a gonflé et est monté en surface. Cela provient d'un tempérage défectueux et ou d'une mauvaise ou fluctuante température de stockage.

L'ouïe: Ceci est plus important pour les tablettes de chocolat que pour les bonbons. Une tablette tempérée correctement et stockée dans un endroit sec à une température stable (entre 14 et 20 degrés Celsius) se brise en produisant un « clac » net et franc. Portez le chocolat à la hauteur de votre oreille et rompez-le en écoutant le claquement. C'est plus fort que de briser un biscuit!

L'odorat: Retenez votre respiration et mettez le morceau de chocolat dans le creux de votre main. Mettez votre nez dans votre main et inspirez largement. La première sensation que vous percevez est l'arôme principal du chocolat.

Le touché: Le chocolat noir commence à fondre à 35 degrés Celsius environ (28 pour du chocolat au lait). Appuyez votre doigt sur le chocolat et regardez si cela laisse une empreinte graisseuse. Les chocolats de moins bonne qualité incorporant des huiles végétales additionnelles produisent une sensation huileuse: sur les chocolats artisanaux - ceux sans huiles externes ajoutées sauf du beurre de cacao - votre doigt sera couvert du mélange fondu chocolat/beurre de cacao. Placez ensuite un petit morceau de chocolat sur votre palais et laissez votre température corporelle le faire fondre. Vous pouvez éventuellement le croquer en petits morceaux pour le faire fondre mais ne le mâchez pas pour l'avaler immédiatement. Cela vous empêcherait de le déguster vraiment. Certains chocolats mettent plus de temps à fondre que d'autres à cause de leurs différents taux de beurre de cacao par rapport au chocolat.

Fond-il rapidement? Fond-il uniformément? Y-a-t-il une sensation grasse, sucrée, pâteuse? C'est une affaire de texture et de longueur en bouche.

Le goût: Vient finalement la partie de la dégustation la plus excitante mais aussi la plus compliquée. En effet, les réponses sur le goût sont les plus diversifiées des cinq sens. Tout le monde a différentes sensations. Certaines personnes sont très sensibles aux arômes fruités alors que d'autres sont plus réceptives aux senteurs naturelles telles que le bois, le cuir ou l'herbe. Il n'y a pas d'absolue bonne réponse. Plus vous goûtez et entrainez votre palais à associer des sensations dans votre cerveau, plus vous pourrez identifier et décrire les senteurs. Il est fondamental de construire son système de référence dans la tête pour relier des sensations à des mots ou adjectifs reconnus par tous.

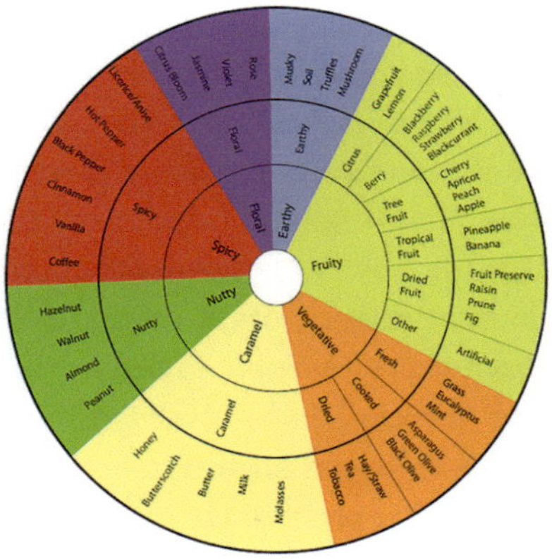

PRINTED WITH PERMISSION
THE C-SPOT® / SENECA KLASSEN
© 2006, 2011 HTTP://WWW.C-SPOT.COM/ATLAS/
CHOCOLATE- FLAVOR-PROFILES/

UNE TABLE DES ARÔMES

IL EST UTILE d'utiliser une table des arômes pour vous guider dans l'identification des saveurs perdues sur votre palais. Cela entraine aussi la connexion entre la sensation en bouche et la mémoire des arômes présents dans l'esprit.

Il existe plusieurs tables des arômes sur le marché, depuis des cartes représentant les senteurs par couleur à celles en cercles concentriques déclinant les sensations par grandes catégories qui sont ensuite affinées.

Pour entrainer vos papilles de manières professionnelles, apprendre l'histoire du cacao et acquérir des compétences de dégustation, L'« Institute of Chocolate & Cacao Tasting » est un des centres de formation les plus respectés de par le monde avec des centres à New-York, Londres, Lima et Honk-Hong notamment. Cet institut a été fondé par trois personnalités du monde du chocolat - « Award Director » du ICA, Martin Christy du Royaume-Uni, Monica Meschini qui est une dégustatrice professionnelle italienne de thé et chocolat ainsi que sommelier. Et le Chef, Restaurateur et auteure Américaine Maricel Presilla. Centre de formation agréé en Angleterre, l'IICCT offre trois niveaux de cours différents conduisant à un « Certificat de Dégustation de Chocolat » (Certificate in Chocolate Tasting). Appliquant une stricte méthode, le cours présente tous les aspects du cacao et du chocolat, depuis les variétés aux divers procédés de productions. L'entrainement à la dégustation éduque le palais des élèves pour l'amener à pleinement apprécier les chocolats artisanaux de qualité.

LES PRIX ET CONCOURS

PAR CHERRIE LO

LES PRIX ET concours représentent une motivation importante car ils permettent de reconnaitre la qualité et le savoir-faire dans la fabrication de chocolat ainsi que la qualité des ingrédients utilisés. Ils promeuvent les entreprises produisant du chocolat de qualité comme les chocolatiers, les fabricants de chocolat et les artisans élaborant des chocolats fins - que ce soit des tablettes « single origin », des tablettes aromatisées ou des bonbons/ganaches. En aidant ces segments de marché de qualité à croître et se développer, les concours et prix supportent également sur le long terme les paysans cultivant des fèves aromatiques. Ils sont une célébration du développement constant des secteurs du chocolat artisanal et aromatique et sensibilisent les professionnels et le public. Ils existent de nombreux concours ou compétitions de par le monde ; cependant, je considère l' « Academy of Chocolate Awards » et les « International Chocolate Awards » comme étant les plus réputées et les plus influentes.

ACADEMY *of* CHOCOLATE

Academy of Chocolate Awards

CRÉÉE EN 2005 par cinq professionnels britanniques du chocolat convaincus que la dégustation de chocolat de qualité est un des plaisirs majeurs de la vie. Les concours ont lieu à Londres où tous les échantillons doivent être livrés trois ou quatre mois avant le jugement final afin d'être d'abord évalués durant plusieurs sessions d'un grand jury.

INTERNATIONAL
CHOCOLATE
AWARDS

International Chocolate Awards

CE CONCOURS A été créé en 2012 par un groupe de partenaires internationaux qui continue à le gérer aujourd'hui. Basés en Grande-Bretagne, Italie, et aux États-Unis, ils possèdent une longue expérience de la dégustation et de l'évaluation du chocolat ainsi que de la gestion d'évènements liés au chocolat. Les concours ont lieu dans un nombre croissant de pays et de régions à travers le monde dont la Belgique, la France, l'Italie, le Royaume-Uni et les États-Unis ainsi que dans la région Asie-Pacifique et en Scandinavie. Chaque année, de nouveaux lieux sont ajoutés. Les gagnants des compétitions régionales sont invités à participer au concours mondial final ou de nouveaux échantillons sont soumis et jugés. La finale mondiale couronne les meilleurs chocolats de l'année.

Ces deux concours sont ouverts à tous produits vendus et qui remplissent les critères de qualité définis dans chacun de leur règlement. Les dégustateurs-juges proviennent de divers horizons incluant des experts du chocolat et du vin, des dégustateurs professionnels, des chefs pâtissiers, des journalistes culinaires, des sommeliers en plus de l'équipe expérimentée du Grand Jury.

Lorsqu'un chocolatier a gagné un prix pour l'une de ses productions, ce chocolat primé recevra un Certificat qui peut être fièrement affiché dans le laboratoire de production ou la boutique de vente. Il obtient également un petit autocollant brillant qui permet de promouvoir le chocolat ayant gagné. Le producteur du chocolat doit garantir que les produits subséquemment mis à la vente conserveront le même niveau de qualité et la même recette que les échantillons fournis pour le concours. Il doit également fournir une date limite d'usage de ces autocollants. Ceci explique pourquoi vous voyez parfois une multitude d'autocollants chatoyants sur les confections chocolatées dans les boutiques. Pour un apprenti amateur, ils représentent un excellent outil pour choisir parmi les centaines ou milliers de choix possibles et constituent un guide pour goûter « la crème de la crème » dans le monde tel que reconnue par des experts réputés. Ces prix sont particulièrement importants pour les petits artisans chocolatiers et les producteurs de chocolats aromatiques, car le fait d'être ainsi reconnus apporte une visibilité et une notoriété de la marque qui se traduit éventuellement en ventes supplémentaires. Ceci est souvent crucial pour de petites marques ou des marques débutantes et cela les incitent à payer le prix pour des fèves de qualité, ce qui au final aide les producteurs de cacao et leur communauté.

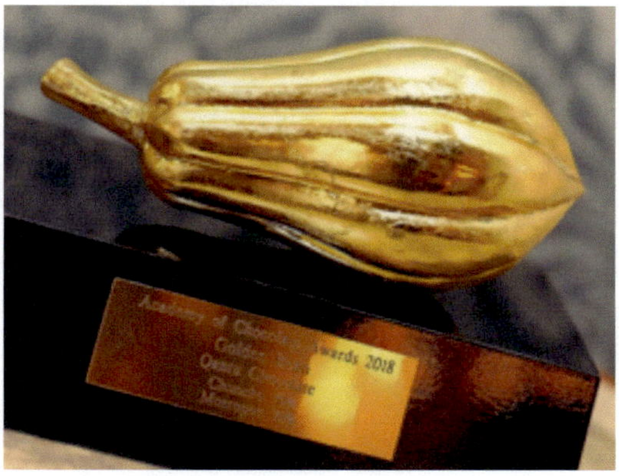

LE PRIX DE LA FÈVE D'OR

Mes collègues à l'École du Chocolat, Warren et Audrey, étaient des fabricants de chocolat depuis la fève jusqu'à la tablette, « Bean to Bar ». Ils avaient apporté leurs propres tablettes faites avec du cacao provenant de Taiwan. Personne n'avait jamais entendu parler de la culture du cacao dans un pays asiatique moderne comme Taiwan. Ils écoutèrent avec attention les conseils, critiques et commentaires du directeur du cours (qui se trouvait aussi être le directeur des « International Chocolate Awards) concernant leur chocolat et consacrèrent l'année suivante à améliorer l'ensemble de leur processus d'élaboration du chocolat, depuis la fermentation, la torréfaction, le conchage et le moulage, sans oublier bien évidement la recette. A la fin de l'année, pour leur première participation au « International Chocolate Awards » en 2017 il obtinrent huit prix! Quelques mois plus tard en 2018 durant leur participation au concours de l'Académie du Chocolat, ils en raflèrent dix de plus! Également en 2018 ils remportèrent le titre d'étoile montante Internationale dans l'industrie (International Rising Star Award in the industry). Depuis ces honneurs, qui ont apporté une énorme visibilité à leur marque, Taiwan est reconnue comme une nouvelle origine pour le cacao de qualité. La demande pour les fèves taïwanaises a explosé en un temps record. Simultanément, de nombreux chocolatiers depuis l'arbre ou la fève jusqu'à la tablette, sont apparus. Ils motivent les paysans locaux à se lancer dans le cacao de qualité. Cet exemple montre combien l'ensemble du processus des concours et des prix bénéficie autant à l'économie en général qu'à la petite distribution.

Malgré cela, quelques chocolatiers et « Bean to Bar » cherchent à éviter le jeu des concours. Certaines marques établies et connues ou le chocolatier qui les a faits, considèrent qu'ils sont assez reconnus, que leur activité est suffisamment forte par elle-même et qu'ils n'ont pas besoin de la médiatisation supplémentaire qu'apportent les concours. Par ailleurs, de petits artisans rebutent à participer à cause du coût que cela implique ou ils/elles n'ont pas la capacité de production permettant de bénéficier pleinement des retombées s'ils gagnent un prix majeur.

Le programme « Cacao d'Excellence »

CE PROGRAMME SOUTENU par « Biodiversity International » et le « Salon du Chocolat de Paris » a trois objectifs:

1. Sensibiliser et promouvoir la haute qualité du cacao et préserver les arômes résultant de la diversité génétique, des terroirs et du savoir-faire des producteurs de cacao.
2. Faciliter la communication et les relations entre les producteurs de cacao et les opérateurs de la chaîne d'approvisionnement
3. Augmenter la capacité des pays de production à reconnaître et rechercher la valeur et à préserver la qualité et la diversité du cacao

Dans ce but, tous les deux ans, le programme organise une compétition basée sur les caractéristiques organoleptiques des fèves. Une cinquantaine de pays producteurs sont invités à proposer des échantillons de fèves. Un panel d'experts sensoriels provenant du monde entier, évalue les propriétés aromatiques de chaque échantillon et leur attribue un classement sur la base de tests effectués sur la liqueur de cacao (100 % cacao, aucun élément ajouté). Les prix sont remis lors d'une cérémonie officielle dans le cadre du Salon du Chocolat de Paris.

Les producteurs récompensés obtiennent un certificat et font l'objet d'une communication internationale leur apportant visibilité et reconnaissance.

Ce programme récompense les cacaos ayant des arômes uniques et excellents tout en apportant des outils et méthodes d'évaluation. Il offre également des opportunités de marchés tout en préservant la diversité des cacaos au niveau global.

http://www.cocoaofexcellence.org

Great taste awards

« GREAT TASTE Awards » se veut la plus grande et la plus fiable compétition et récompense au monde en matière de nourriture et de boissons.

Fondée au Royaume-Uni, elle est parfois décrite comme « les Oscars » du monde des plaisirs de la table et l'équivalent épicurien du « Prix Goncourt ». Le Logo de « Great Taste » est devenu un symbole de qualité reconnu. Dans cette compétition, le chocolat possède sa propre catégorie.

Chaque année, plus de 500 experts incluant des critiques culinaires spécialement formés se rassemblent durant une période de trois mois pour des « journées de jugement ». L'évènement se tient en Angleterre mais les juges viennent du monde entier. Regroupés en équipes organisées de manière à équilibrer les juges entre leur expertise, leur âge et genre, ils goûtent les produits à l'aveugle.

Pour les chocolatiers et les fabricants de chocolat, c'est l'une des manières les plus rapides et les plus efficaces pour obtenir une appréciation directe et impartiale de la part de chefs, de pâtissiers, d'acheteurs, de critiques culinaires et de distributeurs. Le sceau des « Great Taste » est très respecté au Royaume-Uni et de plus en plus au-delà.

Type de participations en compétition

CHAQUE CONCOURS PEUT avoir des différences dans les catégories, mais elles sont habituellement les suivantes:

- Tablette de chocolat (« Single Origin », tablette aromatisée, tablette avec inclusions)
- Chocolats fourrés (bonbons)
- Pâte à tartiner
- Chocolat chaud (certains ajoutent le thé de cacao fait avec du grué)

Les critères de jugement sont:

NOUS APPRÉCIONS OU jugeons les échantillons sous tous leurs aspects. Ils existent quelques nuances entre les differentes catégories mais elles partagent toutes la même structure, qui est très similaire à la dégustation de chocolat.

- Apparence
- Fondant et texture
- Goût
- Longueur en bouche
- Défaut
- Créativité

Je trouve la dégustation de chocolats artisanaux similaire à celle du vin. Je veux dire par là que la qualité du composant principal, le cacao, est ce qui compte le plus. Tandis que goûter des chocolats fourrés est comme la dégustation de cocktails, au-delà de la qualité même du chocolat, il y a beaucoup d'autres aspects à prendre en compte. Dans le jugement des chocolats fourrés nous devons noter d'un a cinq et commenter les éléments suivants:

- La qualité du chocolat (dans la coque externe et dans la garniture intérieure)
- La qualité de la garniture
- Si la coque et la garniture s'harmonisent agréablement
- Les compétences de tempérage et le talent de décoration du chocolatier
- La consistance de la coque, la présence éventuelle de défauts techniques (bulles d'air et fuites)

Pour évaluer les tablettes aromatisées et avec inclusions, nous nous posons les questions suivantes:

- L'arôme est-il vraiment original et un concept innovateur?
- Apporte-t-il une nouvelle et attirante saveur à l'ingrédient?
- Tous les ingrédients se marient-ils bien ensemble et avec le chocolat?
- Est-ce que les inclusions fruitées ou de noix produisent une senteur fruitée ou grillée?

LES DIFFÉRENCES CULTURELLES DES ARÔMES

CELA FAIT UNE dizaine d'années que je travaille à Hong-Kong et maintenant à Londres sur le branding et le marketing pour divers chocolatiers, depuis un artisan chocolatier célébrité locale en Asie jusqu'au pâtissier/chocolatier de renommée mondiale, Pierre Hermé Paris. Pendant cette période et durant mon évolution depuis des marques locales vers des enseignes mondiales et aussi à l'occasion de mon changement de l'Asie à Europe, j'ai pu expérimenter une très vaste diversité de types de chocolats liée à la demande et aux attentes des marchés respectifs.

Le Royaume Uni et l'Europe

DANS CES MARCHÉS, la tendance est aux arômes traditionnels et sensations « classiques ». Les parfums les plus courants et les plus populaires ainsi que les inclusions dans les bonbons fourrés sont le sel de mer, les infusions de thé, les senteurs florales telles que la rose, la violette et la lavande et les herbes comme le basilique et les inclusions ou senteurs grillées comme les noisettes et les amandes. C'est la situation aujourd'hui.

L'Asie et l'Asie du Sud-Est

SOUS L'INFLUENCE DE leurs cultures alimentaires extrêmement variées, les marchés asiatiques ont des sources aromatiques énormément plus diversifiées et variées et qui sont souvent difficile à apprécier par des palais occidentaux.

Chaque pays - le Japon, la Corée, Honk-Hong, la Thaïlande et l'Inde - possède sa friandise préférée avec son éventail d'options régionales. Il n'est donc pas surprenant de découvrir une création chocolatée incorporant de savoureux ingrédients comme des fruits de mer desséchés et de la sauce de soja. Parfois, des spécialités culinaires comme le curry vert thaïlandais ou la soupe de noix de coco peuvent être transposés en tablette de chocolat. Des friandises combinant des nourritures et des senteurs de noix (i.e. fruits de mer grillés avec sauce de soja et amandes grillées) sont très appréciées en Asie et extrême Orient. Ceci a créé un style de chocolat unique avec une saveur umami spécialement conçue pour répondre à la demande de gourmandises de ces marchés.

LA NOUVELLE SCÈNE DU CHOCOLAT

VOUS AVEZ CERTAINEMENT remarqué que l'espace dédié aux tablettes de chocolat dans votre supermarché a été multiplié par deux, voire cinq au cours des dernières années. Dans le même temps, bien que les tablettes de 100 gr. vendues 1,5 Euro existent toujours, il y a de nombreuses barres chocolatées bien plus petites vendues entre 5 et 12 Euros. Ce sont les chocolats aromatiques et les « Single origin » ou celles encore plus exclusives « Single Estate » ou « De plantation ». Aussi, il semble que les emballages ternes, marron, aient été prohibés. Même les barres de chocolat bon marché ont des emballages sophistiqués et bariolés. La quantité d'informations fournies sur les packagings s'est beaucoup étoffée. Le chocolat n'est désormais plus un produit générique. Le pourcentage de contenu provenant de la fève (les composants solides) est maintenant un argument marketing et quelques chocolatiers très haut de gamme décrivent l'ensemble des manipulations qu'ils réalisent, comme la durée de conchage et la température et durée de torréfaction.

Une évolution similaire à l'explosion des micro-brasseries il y a une génération s'est produite. De nombreux amoureux du chocolat ont transformé leur passion en business et produisent leur propre chocolat. Grâce à Internet qui permet d'accéder facilement à l'information spécialisée sur la fabrication du chocolat et aussi de communiquer et partager aisément entre passionnés, ces nouveaux chocolatiers prennent pleinement avantage des nouveaux équipements bon marché maintenant disponibles pour commencer à produire de petites quantités de chocolat. Je les appelle des hobbyistes du chocolat tant qu'ils fabriquent pour eux-mêmes et leur proches et ils deviennent des « Artisans chocolatiers » ou « Bean to Bar » lorsqu'ils se mettent à vendre sur les marchés, sur le web ou dans des boutiques spécialisées.

Ils créent et fournissent pour un nouveau segment de marché: le connaisseur de chocolat urbain, bien informé et conscient de sa santé. La croissance rapide de ce segment attire aussi les grands fabricants traditionnels et certains d'entres eux commencent à vouloir acquérir les meilleurs « Bean to Bar ». Aux États-Unis, où le phénomène a débuté il y plus longtemps, le géant Hershey a racheté le premier nouvel artisan chocolatier « Scharfen Berger » en 2005. Cette entreprise avait débuté en 1995 et est considérée par la plupart des nouveaux chocolatiers comme l'initiateur qui a ouvert la voie vers la nouvelle scène du chocolat.

Parallèlement, le besoin croissant d'augmenter le revenu provenant du cacao dans les régions de production a engendré l'apparition de nombreux « Bean to Bar » dans les plantations ou autres lieux tout proches. Ces derniers vendent essentiellement au marché local qui inclut souvent une grande population touristique saisonnière, et encore marginalement à l'export. Par exemple, Quito, la capitale de l'Équateur, compte maintenant plus d'une douzaine d'artisans chocolatiers. Depuis le petit « Bean to Bar » jusqu'au leader national reconnu de par le monde « Republica del Cacao » ils sont tous apparus durant les dix dernières années (Republica del Cacao a démarré en 2005).

L'annuaire en ligne des « Bean to Bar » liste près de mille artisans du chocolat dans le monde, dont la moitié aux U.S.A.[24] L'Afrique est sous-représentée mais je ne doute pas que le continent rattrape graduellement ce retard.

Au de-là des volumes et de la qualité de leur production, une différence importante entre ces artisans chocolatiers est s'ils fabriquent dans le pays de culture du cacao et exportent ensuite, ou s'ils importent les fèves dans le pays où ils réalisent et vendent leur chocolat. Les deux situations sont évidemment honorables mais le premier scénario retient plus de revenus dans le pays de culture du cacao.

PRODUCTION DE CHOCOLAT « À LA MAISON »

LE PROCESSUS DE fabrication du chocolat que j'ai détaillé plus avant peut maintenant être réalisé pour de petites quantités à la maison, grâce à des fabricants offrant des machines de petite capacité et à la créativité de quelques hobbyistes du chocolat. Pour chacune des étapes il existe soit une machine de petite taille, soit la possibilité de détourner un électroménager existant ou encore un bricolage peu complexe. Finalement, le plus complexe devient comment se procurer des fèves de qualité en petite quantité.

Calibrrer son lot

DURANT LA TORRÉFACTION et le vannage, on perd de 25 à 30 % du cacao en poids. Simultanément, pour faire des tablettes à 70 ou 75 % de cacao solide, il faut ajouter 25 à 30 % de sucre et autres additifs. Donc, pour produire un lot de 4 kg de chocolat noir il faut commencer avec 4 kg de fèves de cacao.

---

24 *https://beantobarchocolates.info/cat/chocolate-maker/*

Tri

IL CONVIENT D'ÉTALER les fèves sur une table en couche fine et d'éliminer tout ce qui n'est pas du cacao, comme des brindilles, des petits cailloux, des chutes de jute etc… Ensuite, il faut écarter les fèves plates, noires, collées, non-fermentées, pourries ou autrement malsaines. Finalement, il faut grouper le cacao propre et sain par taille, disons petit, moyen et gros.

ÉQUIPEMENT REQUIS: DES PLATEAUX

UN PETIT TORRÉFACTEUR DOMESTIQUE

Torréfaction

IL EST RECOMMANDÉ de torréfier les fèves de même taille ensemble afin d'obtenir un résultat homogène. La durée et température de « grillage », varient entre 110 Celsius et 180 Celsius et dure entre 10 et 50 minutes. Cela dépend de la taille et de la qualité des fèves ainsi que du profil aromatique recherché. Par exemple, un cacao fruité comme le « Nacional » d'Équateur sera sans doute à son mieux après un quart d'heure à 120 degrés, alors qu'un gros I-M-1 thaïlandais nécessitera sans doute plus de 25 minutes a 170° Celsius.

ÉQUIPEMENT: UN FOUR DE CUISINE EST SUFFISANT MAIS UN PETIT TORRÉFACTEUR À CAFÉ EST LE MIEUX. LES PRIX DÉMARRENT À 400 EUROS.

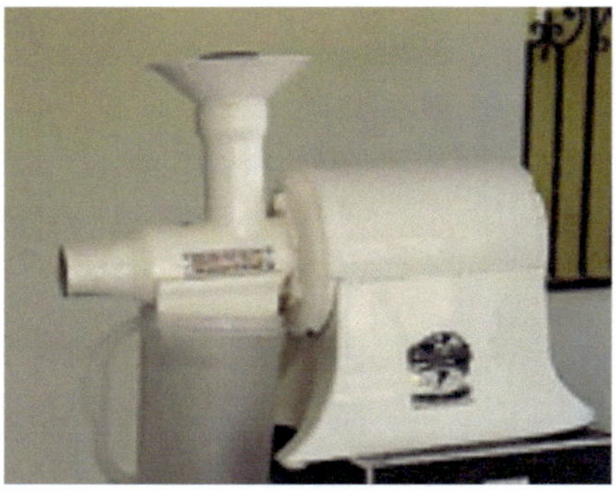

UN MIXER DE MARQUE « CHAMPION »

Briser les fèves

IL EST POSSIBLE de briser les fèves en grué à la main en utilisant un rouleau à pâtisserie et une planche à découper. Quand les volumes augmentent on peut utiliser un mixeur de cuisine ou extracteur de jus.

ÉQUIPEMENT: LE PLUS ADAPTÉ EST LE MIXEUR DE CUISINE DE MARQUE « CHAMPION » MAIS D'AUTRES COMME LE MOULINEX PEUVENT ÊTRE UTILISÉS.

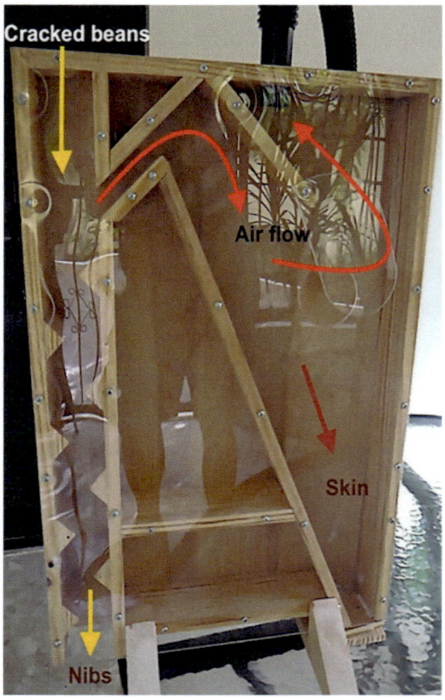

UNE VANNEUSE ARTISANALE UTILISANT UN ASPIRATEUR

Vannage

RETIRER LA PEAU d'une petite quantité de fèves torréfiées avant de les briser est possible et facile à la main. D'ailleurs on perd moins de cacao ainsi qu'en utilisant une machine. Cependant, cela prend beaucoup de temps et il est relativement facile de construire une vanneuse « domestique » à l'aide d'un aspirateur et de tuyaux en plastique ou de planches de bois.

Exemple à: http://www.realseeds.co.uk/seedcleaner.html et en fonctionnement à: https://youtu.be/-7halo9k-9Y

ÉQUIPEMENT: UN ASPIRATEUR « CLASSIQUE » ET QUELQUES COMPÉTENCES EN BRICOLAGE. COMPTER 200 EUROS DE PIÈCES

Concassage / broyage

POUR TRANSFORMER LE grué ou « nibs » en une pâte épaisse et granuleuse qui sera raffinée dans le moulin à pierre, un mixeur de cuisine suffit. La friction à l'intérieur du mixeur chauffera alors la pâte - appelée pâte de cacao - jusqu'à cinquante degrés ou plus selon la vitesse utilisée. Cette étape permet de réduire le temps passé dans le moulin mais n'est pas totalement indispensable.

ÉQUIPEMENT: MIXEUR DE CUISINES CLASSIQUE DÉMARRE À 200 EUROS (VOIR PLUS HAUT)

Moulinage

LA CHAUDE PÂTE de cacao au sortir du mixer doit être raffinée à une taille de particules inférieure à 20 microns afin que les papilles ne sentent aucune rugosité. Il faut un petit moulin à pierre pour accomplir cette étape. Bien qu'elles ne soient pas identiques à une conche traditionnelle, ces machines peuvent aussi être utilisées comme conche pour bien mélanger la liqueur de cacao avec le sucre et d'éventuels autres additifs.

ÉQUIPEMENT: UN PETIT MOULIN À PIERRE. LES MEILLEURS MARCHÉS PROVIENNENT D'INDE COMME LA MARQUE « SANTHA ». EXEMPLE: PREMIER (VOIR LA PHOTO), SANTHA, COCOATOWN. DÉMARRE À 150 EUROS

Tempérage

POUR LE TEMPÉRAGE de petites quantités de chocolat, utiliser un bain-marie pour monter la température puis étaler le chocolat sur une plaque de marbre avant de remonter la température dans le bain-marie. Un thermomètre (de préférence digital) est indispensable. Pour des quantités plus importantes, il est recommandé d'utiliser une tempéreuse par lot qui maintient la température au niveau requis. Enfin, une tempéreuse à cycle continu est le plus pratique mais constitue un investissement important.

ÉQUIPEMENT: MACHINES PAR LOT DÉMARRENT À 200 EUROS, TEMPÉREUSE EN CONTINU DÉMARRENT À 3.500 EUROS

Moulage

IL FAUT DES moules, de préférence en polycarbonate qui coûtent de 10 à 30 Euros l'unité. Une fois remplis, il convient d'agiter ou faire vibrer les moules pour extraire les bulles d'air. Les tables vibrantes professionnelles commencent à 800 Euros, mais il est facile et bon marché d'en construire une à l'aide de ressorts et d'un électro-aimant comme vibrateur.

ÉQUIPEMENT: MOULES DÉMARRENT À 10 EUROS, TABLE VIBRANTE À FAIRE SOI-MÊME 150 EUROS.

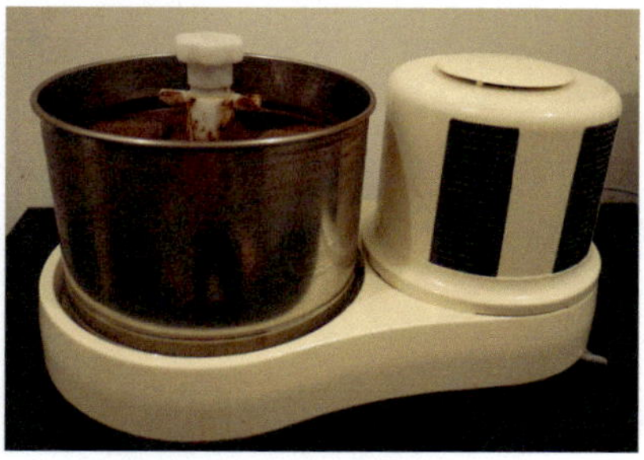

LE MOULIN À PIERRE « SPECTRA 11 » DU FABRICANT INDIEN « SANTHA »

PETIT MOULIN A PIERRE DE 1.5 KG DE MARQUE « PREMIER »

CACAO 2050

L'INCONNUE COVID-19

A L'HEURE OÙ j'écris ce texte, le corona virus Covid-19 a plongé la planète entière dans un état de choc et une léthargie économique jusqu'ici impensable. Combien de gens vont succomber au virus, comment la vie reprendra une fois que les populations sortiront du confinement, quelles seront les priorités sociales et les comportements individuels et bien d'autres questions sont sans réponse aujourd'hui.

Concernant le cacao et le chocolat, les inconnues majeures concernent la capacité de production des agriculteurs si leur nombre est grandement diminué et d'autre part, l'évolution de la demande pour le chocolat. Au vu des reprises qui ont suivi les crises économiques du siècle passé ainsi que les plus récentes, on peut envisager une reprise de la demande dix-huit à vingt-quatre mois après la résolution de la crise sanitaire, c'est-à-dire à partir du moment où un vaccin ou un traitement est disponible en grand volume. Cependant, la baisse globale du pouvoir d'achat moyen entrainera une forte pression sur les prix. Prédire la disponibilité de récoltes suffisantes est très difficile. Déjà, avant le virus, il existait une réelle appréhension que les agriculteurs actuels ne soient pas remplacés par leurs enfants. S'ils disparaissent brutalement en nombre alors que le prix du cacao baisse, personne ne sait ce que fera la nouvelle génération. Par manque d'options, continuera-t-elle dans ces conditions inadéquates? Arrivera-t-elle à retrouver les prix d'il y a trente ans ou abandonnera-t-elle simplement le cacao? Ajoutant les dommages du réchauffement climatique, qui sont chaque année plus importants, il devient bien présomptueux de vouloir dessiner l'avenir. Mais on peut s'attendre à des évolutions progressives bien que rapides, donnant quelques délais pour s'adapter.

Dans ce monde convalescent, politiquement turbulent, stressé par le changement climatique, les évolutions technologiques et une pression financière grandissante, nous avons essayé de brosser les grands axes de ces changements pour le monde du cacao et du chocolat dans une génération.

AGRICULTURE

Durabilité et technologie

ENVISAGER UNE CULTURE du cacao durable en 2050 semble une prédiction facile, car à cette date toute l'agriculture du cacao sera durable ou ne sera pas. Quelques soient les obstacles et difficultés rencontrés par les grands acheteurs de cacao internationaux, je pense que des solutions auront été trouvées et appliquées, il en va de leur existence. Comme il n'y a pas de solution miracle pour un problème aussi global, les moyens mis en œuvre couvriront tous les aspects de l'agriculture et feront appel aux technologies nouvelles.

Il est très probable que des fèves OGM robustes et productives mais avec de bonnes caractéristiques organoleptiques seront disponibles. Les systèmes d'irrigation lente (goutte à goutte) optimisés par gestion informatisée et surveillance satellite, seront répandus. Dans le même temps de meilleures protections légales seront mises en place dans la plupart des pays producteurs de cacao. Les acheteurs de fèves seront plus impliqués auprès des cultivateurs et une proportion importante du chocolat et de ses produits semi-finis sera produite sur les lieux de culture du cacao ou dans les pays producteurs.

Les grands fabricants de chocolat devront être totalement transparents sur leur chaîne d'approvisionnement avec une traçabilité jusqu'au cultivateur comme font déjà la plupart des artisans chocolatiers qui connaissent personnellement leurs fournisseurs. L'usage de nouvelles technologies sur le terrain, telles que les blockchains, apportera la fiabilité nécessaire à ce suivi.

Comme les acheteurs sont plus intéressés par les saveurs que par les variétés, particulièrement dans le segment des chocolats aromatiques, l'origine du cacao deviendra un outil marketing majeur, allant même jusqu'à mettre en avant la plantation ou « Estate » de provenance des fèves. Cette évolution ne nuira pas forcement à la diversité des variétés. En effet, les technologies génétiques et agronomiques devenant plus accessibles, les zones de culture du cacao deviendront capables de créer des variétés parfaitement adaptées à leur topographies et climat, c'est-à-dire leur terroir.

LE CHOCOLATE LE PLUS CHER DU MONDE, VENDU 250 EURO LE COFFRET

FABRICATION DU CHOCOLAT

Innovations aromatiques

IL EXISTE DÉJÀ de nombreuses et différentes manières et outils pour produire du chocolat. La mise sur le marché de petits équipements bon marché accélérera davantage l'apparition de nouveaux procédés. Il reste encore beaucoup à apprendre sur l'agriculture et l'environnement rural du cacao. Quelques pionniers expérimentent dès aujourd'hui des innovations dans la fermentation du cacao et l'ensemble du traitement post-récolte. Par exemple, bien que le terme semble un oxymoron, une méthode de fermentation froide et qui dure près d'un mois, est en cours d'expérimentation pour conserver le plus possible des composants bénéfiques du cacao - les fameux flavonoïdes - jusqu'à la tablette de chocolat.

Pour répondre à la demande provenant des nouveaux marchés d'Asie, de nouveaux arômes seront développés. Parce qu'une grande partie de ces innovations provient des nouvelles possibilités technologiques, le rythme des inventions s'accélérera à la grande vitesse de la science. Par exemple, des travaux sont en cours au Japon pour fabriquer une machine produisant du chocolat à boire 100 % cacao, un peu à la manière des machines à café Expresso. A l'aide d'innovations technologiques allant de la génétique au suivi des composants chimiques de la plante et aux divers processus post-récolte, les fabricants pourront produire un chocolat plus sain, contenant moins de composants néfastes et plus de ceux bénéfiques à la santé, transformant le chocolat en un authentique « alicament »

(Aliment-Médicament). Des évolutions réglementaires seront nécessaires. Déjà, la commission européenne qui avait interdit aux chocolatiers de promouvoir leurs produits comme des nourritures curatives, a autorisé au cas par cas qu'ils mentionnent que les flavonoïdes améliorent la pression artérielle et aident à l'élasticité des vaisseaux sanguins.

VENTES ET MARKETING

LA SEGMENTATION ACTUELLE du marché avec 80% de fèves/chocolat commodité, 19,8% de fèves/chocolat fin et 0,2% de fèves/chocolat de spécialité va certainement évoluer mais très graduellement et lentement. On peut s'attendre à ce que dans vingt ans les segments de chocolat fin et de spécialité représentent un plus grand pourcentage qu'aujourd'hui ; ce qui veut dire une amélioration globale de la qualité du cacao. Par exemple, si l'on considère une croissance annuelle 10% pour ces deux marchés, leur volume triplerait et cela aboutirait à une segmentation d'environ 70% pour le cacao de commodité, 29,5% de cacao fin et 0.5% de cacao de spécialité avec une récolte mondiale supérieure à 7 millions de tonnes. Ces développements assument que le prix payé aux paysans augmente de manière significative pour récupérer leur baisse de revenu durant les dernières années. Selon la monnaie utilisée et son taux d'inflation, le prix payé aux agriculteurs a été divisé entre trois et six depuis quarante ans.

Vers des arômes chocolat sur mesure

COMME TOUT PRODUIT de nos jours, le chocolat est de plus en plus sensible aux tendances et à la mode. Pour de plus en plus de consommateurs, manger un chocolat représente le moment de plaisir hédoniste de leur journée, comparable et remplaçant parfois, un verre de vin ou pour certains, une cigarette. Ce positionnement, comme une expérience sensorielle et sociale, est largement exploité par les tous les chocolatiers. En réponse à cette perception apparaîtront de plus en plus de produits au chocolat sur mesure. Déjà, beaucoup de fabricants de chocolat présentent des chocolats de qualité en portions individuelles.

L'influence asiatique

PRISE DANS SON ensemble l'Asie représente environ le quart du marché mondial du chocolat. En poursuivant la tendance actuelle elle consommera bien plus du tiers du cacao mondial dans vingt ans. De manière à assurer cette croissance dans les marchés explosifs que sont le Japon et la Chine, des arômes, des mélanges et des présentations spécifiques seront développés pour s'adapter à la culture locale. Pour la Chine dont le tiers des consommateurs déclarent préférer les marques étrangères, les chocolatiers traditionnels ne pourrons résister à créer des produits répondant aux habitudes locales. Il faut aussi imaginer que des produits chocolatés incorporant du Yuzu (une saveur acide proche du citron), du thé de riz grillé, des senteurs de fleurs tel que le jasmin ou les chrysanthèmes ou encore de la poudre de macha trouvent un intérêt au-delà de leur cible asiatique initiale.

CONSOMMATION

La qualité est meilleure que la quantité

IL N'Y A pas de raison de prévoir une baisse de la consommation globale de chocolat. Même si les gros consommateurs actuels que sont le Royaume-Uni, l'Allemagne et la Suisse n'augmentent plus beaucoup leur appétit pour le chocolat, il y a un énorme potentiel pour les chocolatiers traditionnels dans d'autres pays européens et en Amérique.

Mais la plus forte augmentation de consommation est attendue dans les pays relativement nouveaux consommateurs de chocolat tel que la Chine, l'Inde, la Russie et la Turquie. Certains pays producteurs de cacao et consommateur de chocolat comme le Brésil, la Colombie et le Vietnam verront également leur consommation croitre. La saisonnalité et la consommation liée à des évènements s'accentueront. Déjà, les ventes pour la Saint Valentin représentent le quart du chiffre d'affaire annuel du chocolat dans plusieurs pays comme les USA et le Japon. Cela renforcera encore davantage l'importance du marketing et de la communication comme « La journée mondiale du chocolat ».

Bien que l'on s'attende à une augmentation des quantités de chocolat consommé, la qualité moyenne devrait aussi progresser sous la pression des technologies agricoles et de transformation ainsi qu'en réponse à la demande du marché.

ÉPILOGUE

DANS LE PAYSAGE global du chocolat qui est quelque peu alarmant, le pire n'est jamais certain. Il semble que les consommateurs s'intéressent un peu plus à la qualité plutôt qu'à la quantité. La nécessité qu'ont les planteurs de cultiver de meilleures fèves, plus aromatique, et d'exécuter un traitement post-récolte de qualité est en train de devenir accessible grâce aux petits chocolatiers capable de payer plus et grâce aux grandes entreprises ayant les ressources nécessaires pour mettre en œuvre de nouvelles technologies dans les plantations. Ces grands acheteurs sont les seuls pouvant assumer les coûts de la science et de la recherche nécessaires à la mise en place des changements attendus. La génétique, la climatologie et l'automatisation font partie de la solution aux problèmes du cacao. Après tout, maintenir les paysans heureux et améliorer la récolte sont des enjeux existentiels pour les grandes multinationales du secteur.

Mais ces industriels doivent accorder une plus grande place aux agriculteurs en leur allouant une plus grande part de leurs revenus. Le prix payé aux planteurs doit augmenter!

Si tous ces astres sont alignés, nous apprécierons des chocolats fascinants jusqu'à la fin des temps.......

APPENDIX A

MOUSSE AU CHOCOLAT ONCTUEUSE VÉGANE

Ingrédients:

- 200 Gr. de chocolat noir (65%/70% cacao)
- 40 Gr. de sucre ou plus ou moins ou pas du tout selon votre goût
- 40 Gr. de crème fraiche végane (soja/avoine) ou un avocat très mûre
- 200 Gr. de liquide de pois chiche (Agua fava)

Options:

- Écorces d'orange
- Gousses de vanille

Matériel:

- Un bol / saladier pour fondre le chocolat
- Un bol type « batteur à œuf »
- Des ramequins
- Un réfrigérateur

Préparation:

1. Mettre le jus de pois chiche dans un bol et le battre jusqu'à obtenir un mélange solide et mousseux (cela prend plus de temps que pour des blancs d'œufs).
2. Ajouter très progressivement le sucre tout en continuant à battre.
3. Liquéfier le chocolat au bain marie ou micro-ondes et le laisser refroidir tout en restant bien liquide (environ 35 Celsius). Ajouter la crème fraiche végane ou l'avocat très mûre. Le mélange se solidifie un peu.
4. Ajouter les options éventuelles.
5. Incorporer le mélange chocolat dans la mousse de pois chiche. Procéder progressivement et délicatement afin de ne pas « casser » les blancs.
6. Disposer dans des ramequins individuels ou un grand bol et conserver au réfrigérateur au minimum 4 heures.
7. Servir frais – Se marie très bien avec des palets Breton (Trao mad) et du yaourt

TARTELETTES AU CHOCOLAT VÉGANES

La tartelette

AFIN D'OBTENIR UNE texture et un goût agréables la croute doit être croustillante sans être sèche. Pour cela je recommande de faire sa propre pâte brisée incorporant des amandes.

Ingrédients:

- 350 Gr. de farine bio
- 60 Gr. d'amandes
- 130 Gr. de margarine végane
- 100 Gr. de sucre glace
- Une pincée de sel

Matériel:

- Un grand bol/saladier
- Un rouleau à pâtisserie
- Un moulin à café ou mixer

Préparation:

MÉLANGER ENSEMBLE FARINE, margarine (à température ambiante) et sel dans le grand bol.

Broyer les amandes en poudre à l'aide du moulin à café ou mixer. Ajouter la poudre d'amandes et le sucre glace. Bien malaxer pour obtenir une pâte homogène.

Sur une surface lisse préalablement farinée étaler la pâte à l'aide du rouleau à pâtisserie pour en faire une épaisseur d'un demi-centimètre. Mettre cette fine pâte sur une feuille de silicone ou une planche à découper et laisser au freezer durant 15 minutes environ. Une fois légèrement solidifiée, découper la pâte en ronds de la taille de vos moules à tartelette. Disposer dans les moules (étaler un peu de margarine dans les moules s'ils ne sont pas de silicone) et mettre au four a 160 degrés durant environ 15 minutes, jusqu'à ce que les « coques » acquièrent une couleur bronzée.

Durant la cuisson vous pouvez réaliser la ganache liquide pour l'intérieur.

La ganache végane à l'intérieure

IL S'AGIT D'UNE ganache végane « standard » mais quelque peu plus liquide car elle est supportée par la croute.

Ingrédients:

- 330 Gr. de Chocolat noir 70%
- 300 Gr. de crème végane (avoine, soja, amandes ect..)
- 30 Gr. de miel
- 50 Gr. de margarine

Options

- Aromes: café, Thym, laurier, orange etc...

Préparation:

1. Liquéfier le chocolat au bain marie ou micro-ondes. Pas plus de 50 degrés Celsius.
2. Faire fondre et porter à ébullition la crème fraiche végane dans une petite casserole et y incorporer les arômes éventuels. Attention le café a un arôme très puissant, deux cuillers à café suffissent.
3. Incorporer progressivement la crème au chocolat fondu. D'abord environ 20% puis le reste en 3 ou 4 fois, en mélangeant avec une spatule jusqu'à l'obtention d'un mélange homogène brillant. Laisser refroidir jusqu'à 35 degrés environ.
4. Incorporer la margarine couper en petits morceaux. La ganache aquière une apparence alors très unie et brillante.
5. Verser la ganache dans les tartelettes.
6. Réserver au réfrigérateur durant au moins 2 heures. Attention aux odeurs du frigo.

Servir bien frais. S'accompagne agréablement de fruit rouges tel que framboises, fraises, myrtilles etc...

WINCO

CHOCOLAT CHAUD VÉGANE

UN CHOCOLAT À boire chaud, crémeux aromatique et aux effluves persistantes est facile à faire. Il est aussi facile de l'ajuster à votre propre goût.

Ingrédients:

- 50 à 70 Gr. de chocolat noir (65% minimum) en tablette ou en palets
- 40 Gr. de lait de soja en poudre (ou autre lait en poudre végane)
- 1 cuiller à soupe de farine de soja, ou autre farine
- 2 cuillers à soupe de sucre de canne
- 1/2 petite cuiller d'extrait de vanille, ou quelques graines de vanille
- 25 à 30 Cl. de lait de soja

Le sucre peut être avantageusement remplacé par du miel de châtaigne. D'autres arômes peuvent être ajoutés comme de la menthe, du café, de l'origan etc....

Matériel:

- Un mixer de cuisine
- Une casserole et une cuisinière
- Des tasses à café double expresso

Préparation:

1. Dans un mixer mélanger les palets ou morceaux de chocolat avec le lait en poudre pour obtenir un mélange granuleux.
2. Ajouter le sucre et mixer.
3. Faire fondre progressivement le mélange dans une casserole, puis ajouter le lait végane pour liquéfier.
4. Porter à ébullition et maintenir durant environ une minute.
5. Servir dans de petites tasses, type tasse à café double expresso.

Made in the USA
Las Vegas, NV
04 November 2026

57422366R10086